U0307110

福建省社会科学普及出版资助项目
（2019年度）
编委会

主　　任：林蔚芬

副主任：王秀丽

委　　员：康蓉晖　杨文飞　刘兴宏　李培锏

....

福建省社会科学普及出版资助项目说明

福建省社会科学普及出版资助项目由福建省社会科学界联合会策划组织和资助出版，是面向社会公开征集、统一组织出版的大型社会科学普及读物，旨在充分调动社会各界参与社会科学普及的积极性、创造性，推动社会科学普及社会化、大众化，为社会提供更多更好的社会科学普及优秀作品。

生态城市解码

严子杰 著

海峡出版发行集团 | 海峡文艺出版社

图书在版编目(CIP)数据

生态城市解码/严子杰著. －福州:海峡文艺出
版社,2022.9
ISBN 978-7-5550-3111-6

Ⅰ.①生… Ⅱ.①严… Ⅲ.①生态城市－城
市建设－研究－中国 Ⅳ.①X321.2

中国版本图书馆 CIP 数据核字(2022)第 152419 号

生态城市解码

严子杰 著

出 版 人 林 滨
责任编辑 林鼎华
编辑助理 杨 鑫
出版发行 海峡文艺出版社
经 销 福建新华发行(集团)有限责任公司
社 址 福州市东水路 76 号 14 层
发 行 部 0591－87536797
印 刷 福州印团网印刷有限公司
厂 址 福州市仓山区十字亭路 4 号金山街道燎原村厂房 4 号楼
开 本 700 毫米×1000 毫米 1/16
字 数 90 千字
印 张 7.5
版 次 2022 年 9 月第 1 版
印 次 2022 年 9 月第 1 次印刷
书 号 ISBN 978-7-5550-3111-6
定 价 25.00 元

如发现印装质量问题,请寄承印厂调换

前　言

　　党的十八大以来，中央多次强调：建设生态文明，是关系人民福祉、关乎民族未来的长远大计。面对资源约束趋紧、环境污染严重、生态系统退化的严峻形势，必须树立尊重自然、顺应自然、保护自然的生态文明理念，把生态文明建设放在突出位置，融入经济建设、政治建设、文化建设、社会建设方方面面，努力建设美丽中国，实现中华民族永续发展。

　　党的十八大以来，中央多次强调：坚持节约资源和保护环境的基本国策，坚持节约优先、保护优先、自然恢复为主的方针，着力推进绿色发展、循环发展、低碳发展，形成节约资源和保护环境的空间格局、产业结构、生产方式、生活方式，从源头上扭转生态环境恶化趋势，为人民创造良好生产生活环境，为全球生态安全作出贡献。

　　党的十八大以来，举国上下大力推进绿色发展、循环发展、低碳发展，建设美丽中国，说明生态文明建设在建设现代化强国中的重要意义。编写《生态城市解码》，旨在进一步学习和贯彻习近平生态文明思想，进一步理解和追求中央提出的"五大发展"理念，通过浅显易懂的方式，传播生态文明理念，让更多的人了解生态文明，让更多的人投身于生态城市建设。

目　　录

1. 习近平生态文明思想对生态城市建设发展的指导意义

习近平生态文明思想具有前瞻性、创造性、系统性、指导性。习近平同志从河北到福建，再到浙江、上海，而后到中央的工作实践中，传承中华文明"天人合一"的精髓，将马克思主义中国化，吸收中外文明研究方面的最新成果，一以贯之，并不断升华。我们认为，其生态文明思想内涵体现在以下方面：

以"人与自然和谐共生"为本质要求。随着我国迈入新时代，生态环境是关系党的使命宗旨的重大政治问题，也是关系民生的重大社会问题。我们应像保护眼睛一样保护生态环境，像对待生命一样对待生态环境，让生态美景永驻人间。在人类发展史上，发生过大量破坏自然生态的事件，酿成惨痛教训。恩格斯指出："我们不要过分陶醉于我们人类对自然界的胜利。对于每一次这样的胜利，自然界都对我们进行报复。"因此，人类只有尊重自然、顺应自然、保护自然，才能实现经济社会可持续发展。"在我国经济由高速增长阶段转向高质量发展阶段过程中，污染防治和环境治理是需要跨越的一道重要关口。我们必须咬紧牙关，爬过这个坡，迈过这道坎。要保持加强生态环境保护建设的定力，不动摇、不松劲、不开口子。"习近平总书记如是说。

以"绿水青山就是金山银山"为基本内核。自然生态是有价值的，保护自然就是使自然价值和自然资本增值的过程，生态环境价值，也是随着发展而变化的。"既要绿水青山，也要金山银山"，强调两者兼顾，要立足当前，又着眼长远。"宁要绿水青山，不要金山银山"，说明生态环境一旦遭到破坏就难以恢复，因而宁愿不开发，也不能破坏。绿水青山也可以转化为金山银山。我们要贯彻创新、协

调、绿色、开放、共享的发展理念，用集约、循环、可持续方式做大"金山银山"，形成节约资源和保护环境的空间格局、产业结构、生产方式、生活方式，给自然生态留下休养生息的时间和空间。环境经济学的研究印证了习近平的观点，适当的环境监管会促使企业进行更多创新活动，从而提升生产能力，提高产品质量，增强企业竞争力。大量实证分析也证实，适当的环境监管有利于经济增长。一些产业结构偏重的地方加强环境监管，对经济会有一定影响，但这种影响是局部的、短期的，受影响的主要是高耗能、高污染行业。而坚持绿色发展、加强环境监管，是推动产业结构优化升级、经济高质量发展的重要推手。绿色发展，壮大了环保产业等绿色产业，为经济增长提供了重要新动能。

以"良好生态环境是最普惠民生福祉"为宗旨精神。人民日益增长的优美生态环境需要是人民美好生活需要的重要内容，生态文明建设，不仅可以改善民生，增进群众福祉，还可以让人民群众公平享受发展成果。随着物质文化水平不断提高，城乡居民的需求也在升级。他们不仅关注"吃饱穿暖"，还增加了对良好生态环境的诉求，更加关注饮用水安全、空气质量等议题。创造良好的生态环境，目的在民生，也是对人民群众生态产品需求日益增长的积极回应。我们应当坚持生态惠民、生态利民、生态为民，重点解决损害群众健康的突出环境问题，不断满足人民日益增长的优美生态环境需要，使生态文明建设成果惠及全体人民，既让人民群众充分享受绿色福利，也为子孙后代造福。所以，必须加快绿色发展步伐，加快补齐生态环境短板，不断增强人民群众的获得感、幸福感、安全感。

以"山水林田湖草是生命共同体"为系统思想。人类生存和发展的自然系统，是社会、经济和自然的复合系统，是普遍联系的有机整体。人类只有遵循自然规律，生态系统才能始终保持在稳定、和谐、前进的状态，才能持续焕发生机。因此，我们要统筹兼顾、整体施策，自觉地推动绿色发展、循环发展、低碳发展；多措并举，对自然空间用途进行统一管制，集约节约利用城市空间，使生态系统功能和居民健康得到最大限度的保护，全方位、全地域、全过程建设生态文明，使经济、社会、文化和自然协调、持续发展。

以"最严格制度最严密法治保护生态环境"为重要抓手。党的十八大以来，我们开展一系列根本性、开创性、长远性工作，完善法律法规，建立并实施中央环境保护督察制度，深入实施大气、水、土壤污染防治三大行动计划，推动生态环境保护发生历史性、转折性、全局性变化。与此同时，生态文明建设处于压力叠加、负重前行的关键期，我们必须咬紧牙关，爬过这个坡，迈过这道坎。未来，我们必须加快制度创新，不断完善环境保护法规和标准体系并加以严格执法，让制度成为刚性的约束和不可触碰的高压线，环境司法应当愈加深入，监督应当常态化，环境信息应当越来越及时完整披露，公众参与应当越来越有序、有效，守法应当成为企业的责任。

以"共谋全球生态文明建设"彰显大国担当。习近平总书记以全球视野、人类胸怀，积极推动治国理政理念。保护生态环境，应对气候变化，是人类面临的共同挑战。习近平总书记在多个国际场合宣布，中国将继续承担应尽的国际义务，同世界各国深入开展生态文明的交流合作，推动成果共享，携手共建生态良好的地球美好家园。说到做到，中国将深度参与全球环境治理，通过"一带一路"建设等多边合作机制，形成世界环境保护和可持续发展的解决方案，成为全球生态文明建设的重要参与者、贡献者、引领者。

党的十八大以来，在以习近平同志为核心的党中央领导下，我国生态环境质量明显改善。展望未来，习近平生态文明思想，不仅是我国生态文明建设的行动指南，还自然以宁静、和谐、美丽，还将推动

我国由工业文明时代快步迈向生态文明新时代，促进经济发展与环境保护良性循环，更好地实现"两个一百年"奋斗目标，指引中华民族迈向永续发展的彼岸。

在习近平生态文明思想影响下，党的十八大以来，生态文明建设被纳入国家发展总体布局，顶层设计日趋优化。建设美丽中国成为人民心向往之的奋斗目标，也必然成为城市决策者的主要奋斗目标。各级城市决策者对生态文明建设的认识和实践都发生了历史性、转折性、全局性变化。思想认识程度之深前所未有，污染治理力度之大前所未有，制度出台频度之密前所未有，监管执法尺度之严前所未有，环境质量改善速度之快前所未有。我们有理由相信，在习近平生态文明思想指导下，我国生态城市建设将发展得越来越好，生态城市建设水平将越来越高，生态城市数量将越来越多。

2. "生态文明"的定义是什么

生态文明是指人类遵循人、自然、社会和谐发展这一客观规律而取得的物质与精神成果的总和；是指人与自然、人与人、人与社会和谐共生、良性循环、全面发展、持续繁荣为基本宗旨的文化伦理形态。

3. 我国提倡"生态文明"经过了哪些历程

党的十七大报告第一次明确提出建设生态文明。

1978 年至 2003 年，生态环境问题得到政府的重视，法制的健全和生态环境管理机构的设立，强化了生态建设的基础。

2003 年后倡导科学发展观和生态文明时期的生态文明建设。进一步加强生态文明的组织和制度体系的建设。

2008 年，环保部提出"以人为本，科学发展，环境安全，生态文明"的宏观战略思想。

2012 年 7 月 23 日胡锦涛在省部级主要领导干部专题研讨班开班式讲话中指出，推进生态文明建设，是涉及生产方式和生活方式根本性变革的战略任务，必须把生态文明建设的理念、原则、目标等深刻融入和全面贯穿到我国经济、政治、文化、社会建设的各方面和全过程，坚持节约资源和保护环境的基本国策，着力推进绿色发展、循环发展、低碳发展，为人民创造良好生产生活环境。

党的十八大报告指出：建设生态文明，是关系人民福祉、关乎民族未来的长远大计。面对资源约束趋紧、环境污染严重、生态系统退化的严峻形势，必须树立尊重自然、顺应自然、保护自然的生态文明理念，把生态文明建设放在突出地位，融入经济建设、政治建设、文化建设、社会建设各方面和全过程，努力建设美丽中国，实现中华民族永续发展。

党的十八大报告指出：坚持节约资源和保护环境的基本国策，坚持节约优先、保护优先、自然恢复为主的方针，着力推进绿色发展、循环发展、低碳发展，形成节约资源和保护环境的空间格局、产业结构、生产方式、生活方式，从源头上扭转生态环境恶化趋势，为人民创造良好生产生活环境，为全球生态安全作出贡献。

党的十八大以来，举国上下大力推进绿色发展、循环发展、低碳发展，建设美丽中国，说明生态文明建设在建成全面小康社会中的重要意义。

2015 年，中共中央、国务院出台《生态文明体制改革总体方案》，阐明我国生态文明体制改革的指导思想、理念、原则、目标、实施保障等重要内容，提出要加快建立系统完整的生态文明制度体

系，为我国生态文明领域改革作出了顶层设计。

2015年9月，中共中央总书记习近平主持中共中央政治局会议，审议通过了《生态文明体制改革总体方案》。

2016年1月5日，习近平在重庆召开推动长江经济带发展座谈会，听取有关省市和国务院有关部门对推动长江经济带发展的意见和建议后，他强调，推动长江经济带发展必须从中华民族长远利益考虑，走生态优先、绿色发展之路，使绿水青山产生巨大生态效益、经济效益、社会效益，使母亲河永葆生机活力。

党的十八大以来，习近平在多个场合提过"绿色发展"理念，突出绿色惠民、绿色富国、绿色承诺的发展思路，推动形成绿色发展方式和生活方式。绿色惠民：环境治理必须作为重大民生实事紧紧抓在手上；绿色富国：以绿色发展引领新常态；绿色承诺：凝聚全球力量，强化政策行动。

2016年，习近平对生态文明建设作出重要指示强调，生态文明建设是"五位一体"总体布局和"四个全面"战略布局的重要内容。各地区各部门要切实贯彻新发展理念，树立"绿水青山就是金山银山"的强烈意识，努力走向社会主义生态文明新时代。

习近平强调，要深化生态文明体制改革，尽快把生态文明制度的"四梁八柱"建立起来，把生态文明建设纳入制度化、法治化轨道。要结合推进供给侧结构性改革，加快推动绿色、循环、低碳发展，形成节约资源、保护环境的生产生活方式。要加大环境督查工作力度，严肃查处违纪违法行为，着力解决生态环境方面突出问题，让人民群众不断感受到生态环境的改善。各级党委、政府及各有关方面要把生态文明建设作为一项重要任务，扎实工作、合力攻坚，坚持不懈、务求实效，切实把党中央关于生态文明建设的决策部署落到实处，为建设美丽中国、维护全球生态安全作出更大贡献。

2016 年，中共中央办公厅、国务院办公厅印发了《关于省以下环保机构监测监察执法垂直管理制度改革试点工作的指导意见》，生态文明建设监管力度进一步加大。

2016 年，中共中央办公厅、国务院办公厅印发《生态文明建设目标评价考核办法》，该办法为贯彻落实中共党的十八大和十八届三中、四中、五中、六中全会精神，加快绿色发展，推进生态文明建设，规范生态文明建设目标评价考核工作，提供了政策依据。

2017 年，国家发展改革委宣布，以发电行业为突破口，全国碳排放权交易体系正式启动。国家发改委与北京、天津、上海、江苏、福建、湖北、广东、重庆、深圳等 9 省市人民政府共同签署全国碳排放权注册登记系统和交易系统建设和运维工作的合作原则协议。

2017 年，国家发改委、国家统计局、环保部和中央组织部日前首次联合发布 2016 年度各省、自治区、直辖市生态文明建设年度评价结果。年度评价结果源自两项得分：一是绿色发展指数，采用综合指数法进行测算，包括资源利用、环境治理、环境质量、生态保护、增长质量、绿色生活等 6 个方面 55 项评价指标，全面客观地反映各地区绿色发展成果；二是公众生态环境满意度调查，通过组织抽样调查来了解公众对生态环境的主观满意程度，突出反映公众在生态文明建设方面的获得感。该评价结果显示，北京、福建、浙江年度考核总分排名前三。

2017 年，中共党的十九大报告充分肯定了生态文明建设成就："生态文明建设成效显著。大力度推进生态文明建设，全党全国贯彻绿色发展理念的自觉性和主动性显著增强，忽视生态环境保护的状况明显改变。生态文明制度体系加快形成，主体功能区制度逐步健全，国家公园体制试点积极推进。全面节约资源有效推进，能源资源消耗强度大幅下降。重大生态保护和修复工程进展顺利，森林覆盖率持续

提高。生态环境治理明显加强，环境状况得到改善。引导应对气候变化国际合作，成为全球生态文明建设的重要参与者、贡献者、引领者。"报告指出："坚持人与自然和谐共生。建设生态文明是中华民族永续发展的千年大计。必须树立和践行绿水青山就是金山银山的理念，坚持节约资源和保护环境的基本国策，像对待生命一样对待生态环境，统筹山水林田湖草系统治理，实行最严格的生态环境保护制度，形成绿色发展方式和生活方式，坚定走生产发展、生活富裕、生态良好的文明发展道路，建设美丽中国，为人民创造良好生产生活环境，为全球生态安全作出贡献。"

2017 年，中共中央办公厅、国务院办公厅公布《关于划定并严守生态保护红线的若干意见》，明确提出 2020 年底前，全面完成全国生态保护红线划定，勘界定标，基本建立生态保护红线制度。

2017 年，中共中央办公厅、国务院办公厅印发了《生态环境损害赔偿制度改革方案》，通过在全国范围内试行生态环境损害赔偿制度，进一步明确生态环境损害赔偿范围、责任主体、索赔主体、损害赔偿解决途径等，形成相应的鉴定评估管理和技术体系、资金保障和运行机制，逐步建立生态环境损害的修复和赔偿制度，加快推进生态文明建设。

2017 年，中共中央办公厅、国务院办公厅印发了《省级空间规划试点方案》，强调以主体功能区规划为基础统筹各类空间性规划、推进"多规合一"的战略部署，深化规划体制改革创新，建立健全统一衔接的空间规划体系，提升国家国土空间治理能力和效率，划定城镇、农业、生态空间以及生态保护红线，以保障空间的集约节约利用。

党的十八大以来，从山水林田湖草的"命运共同体"粗具规模，到绿色发展理念融入生产生活，再到经济发展与生态改善实现良性互动，以习近平同志为核心的党中央将生态文明建设推向新高度，美丽中国新图景徐徐展开。

以习近平同志为核心的党中央牢固树立保护生态环境就是保护生产力、改善生态环境就是发展生产力的理念，着力补齐一块块生态短板。

2018年，中共中央国务院出台了《关于全面加强生态环境保护坚决打好污染防治攻坚战的意见》。该"意见"认为，良好生态环境是实现中华民族永续发展的内在要求，是增进民生福祉的优先领域。为深入学习贯彻习近平新时代中国特色社会主义思想和党的十九大精神，决胜全面建成小康社会，全面加强生态环境保护，打好污染防治攻坚战，提升生态文明，建设美丽中国，必须全面加强生态环境保护，坚决打好污染防治攻坚战。

2018年10月出版的第20期《求是》杂志，发表了中共中央总书记习近平的重要文章《在黄河流域生态保护和高质量发展座谈会上的讲话》。文章强调，要坚持绿水青山就是金山银山的理念，坚持生态优先、绿色发展，以水而定、量水而行，因地制宜、分类施策，上下游、干支流、左右岸统筹谋划，共同抓好大保护，协同推进大治理，着力加强生态保护治理、保障黄河长治久安、促进全流域高质量发展、改善人民群众生活、保护传承弘扬黄河文化，让黄河成为造福人民的幸福河。

2019年，中共中央办公厅、国务院办公厅印发《中央生态环境保护督察工作规定》，决定：中央实行生态环境保护督察制度，设立专职督察机构，对省、自治区、直辖市党委和政府、国务院有关部门以及有关中央企业等组织开展生态环境保护督察。

2019年，中共中央办公厅、国务院办公厅印发《关于统筹推进自然资源资产产权制度改革的指导意见》，指出：自然资源资产产权

制度是加强生态保护、促进生态文明建设的重要基础性制度。为完善社会主义市场经济体制、维护社会公平正义、建设美丽中国提供基础支撑。

2019年，中共中央办公厅、国务院办公厅印发了《关于建立以国家公园为主体的自然保护地体系的指导意见》。

2019年，中共中央办公厅、国务院办公厅印发了《天然林保护修复制度方案》，指出：天然林是森林资源的主体和精华，是自然界中群落最稳定、生物多样性最丰富的陆地生态系统。全面保护天然林，对于建设生态文明和美丽中国、实现中华民族永续发展具有重大意义。

2019年，《中共中央中国务院关于建立国土空间规划体系并监督实施的若干意见》出台，指出：国土空间规划是国家空间发展的指南、可持续发展的空间蓝图，是各类开发保护建设活动的基本依据。建立国土空间规划体系并监督实施，将主体功能区规划、土地利用规划、城乡规划等空间规划融合为统一的国土空间规划，实现"多规合一"，强化国土空间规划对各专项规划的指导约束作用，是党中央、国务院作出的重大部署。

2020年，中共中央办公厅、国务院办公厅印发了《关于构建现代环境治理体系的指导意见》，以习近平新时代中国特色社会主义思想为指导，全面贯彻党的十九大和十九届二中、三中、四中全会精神，深入贯彻习近平生态文明思想，紧紧围绕统筹推进"五位一体"总体布局和协调推进"四个全面"战略布局，认真落实党中央、国务院决策部署，牢固树立绿色发展理念，以坚持党的集中统一领导为统领，以强化政府主导作用为关键，以深化企业主体作用为根本，以更好动员社会组织和公众共同参与为支撑，实现政府治理和社会调节、企业自治良性互动，完善体制机制，强化源头治理，形成工作合力，为推动生态环境根本好转、建设生态文明和美丽中国提供有力制度保障。

4. 怎样建设生态文明

首先，树立地球是人类赖以生存的唯一家园的理念。其次，树立人与自然协调与和谐的理念。第三，树立珍爱自然，善待自然，保护自然的理念。第四，树立生态效益是长远的经济利益，保护资源和环境就 是保护生产力，加强生态建设就是提高竞争力的理念。

5. "生态城市"的定义是什么

生态城市是指社会、经济、自然协调发展，物质、能量、信息高效利用，技术、文化与景观充分融合，人与自然的潜力得到充分发挥，居民身心健康，生态持续和谐的集约型人类聚居地。

6. 生态城市包括哪些内容

生态城市应满足以下八项标准：

（1）广泛应用生态学原理规划建设城市，城市结构合理、功能协调。

（2）保护并高效利用一切自然资源与能源，产业结构合理，实现清洁生产。

（3）采用可持续的消费发展模式，物质、能量循环利用率高。

（4）有完善的社会设施和基础设施，生活质量高。

（5）人工环境与自然环境有机结合，环境质量高。

（6）保护和继承文化遗产，尊重居民的各种文化和生活特性。

（7）居民的身心健康，有自觉的生态意识和环境道德观念。

（8）建立完善的、动态的生态调控管理与决策系统。

7. 世界上有哪些生态城市范例

目前全球生态城市，被认可的有：

英国伦敦，美国芝加哥，美国波特兰，德国弗赖堡，冰岛雷克雅未克，荷兰阿姆斯特丹，巴西库里提巴，加拿大多伦多，中国厦门。

此外，如新加坡、瑞典哈默比湖城等亦被认可。

8. 我国应该怎么建设生态城市

一是抢占科技制高点和发展绿色生产力的需要。发展建设生态型城市，有利于高起点涉入世界绿色科技先进领域，提升城市的整体素质、国内外的市场竞争力和形象。

二是推进可持续发展的需要。党中央把"可持续发展"与"科教兴国"并列为两大战略，在城市建设和发展过程中，当然要贯彻实施好这一重大战略。

三是解决城市发展难题的需要。城市作为区域经济活动的中心，同时也是各种矛盾的焦点。城市的发展往往引发人口拥挤、住房紧张、交通阻塞、环境污染、生态破坏等一系列问题，这些问题都是城市经济发展与城市生态环境之间矛盾的反映，建立一个人与自然关系协调与和谐的生态型城市，可以有效解决这些矛盾。

四是提高人民生活质量的需要。随着经济的日益增长，城市居民生活水平也逐步提高，城市居民对生活的追求将从数量型转为质量型、从物质型转为精神型、从户内型转为户外型，生态休闲正在成为市民日益增长的生活需求。

9. "生态经济" 的定义是什么

生态经济是指在生态系统承载能力范围内，运用生态经济学原理和系统工程方法改变生产和消费方式，挖掘一切可以利用的资源潜力，发展一些经济发达、生态高效的产业，建设体制合理、社会和谐的文化以及生态健康、景观适宜的环境。生态经济是实现经济腾飞与环境保护、物质文明与精神文明、自然生态与人类生态的高度统一和可持续发展的经济。

10. 生态经济的发展情况怎样

进入 21 世纪，中国的生态经济发展迅速，绿色环保产业不断壮大。坚持源头治理，火电、钢铁行业超低排放改造加速，并且实施了重污染行业达标排放改造。能源结构不断调整优化。大力发展可再生能源。城市污水管网和处理设施建设力度不断。促进了资源节约集约和循环利用，加快推广绿色建筑、绿色快递包装。改革完善环境经济政策，健全排污权交易制度，加快发展绿色金融，培育一批专业化环保骨干企业，提升绿色发展能力。

新动能保持较快发展。规模以上工业中，包括新一代信息技术产业，高端装备制造产业，新材料产业，生物产业，新能源汽车产业，新能源产业，节能环保产业和数字创意产业八大产业的战略性新兴产业增加值明显好于传统产业。

重点耗能工业企业单位电石综合能耗、单位合成氨综合能耗、吨

钢综合能耗、单位电解铝综合能耗、每千瓦时火力发电标准煤耗、全国万元国内生产总值二氧化碳排放，全部处于下降通道。

11. 怎样发展生态经济

生态经济的本质，就是把经济发展建立在生态环境可承受的基础之上，高能高效高产高值、低耗节材减废降污，实现经济发展和生态保护的"双赢"，要推动传统产业生态化改造和生态产业规模化扩张，要推广产业园区污染第三方集控，推动政府管理方、企业生产方和污染集控服务方的生态制约机制，强化各方的生态自律和生态自觉，建立经济、社会、自然良性循环的复合型生态系统。企业要走生态之路，就要坚持"注重经济效益、社会效益和生态效益"原则的同时，坚持以建立绿色企业经营为根本目的、实现企业与自然的和谐统一原则，坚持依靠科技进步、推进产品结构调整、提高资源利用效率原则，坚持发挥市场机制作用的原则，将促进人与自然的和谐作为关系企业长远发展的根本大计。没有生态的经济没有活力，没有经济的生态没有实力；没有城市的生态是原始的，没有生态的城市是野蛮的；不发展生态经济的生态城市是不完整的，而不依托生态城市的生态经济发展是不会持续的。

12. "低碳经济"的定义是什么

所谓低碳经济，是指在可持续发展理念指导下，通过技术创新、制度创新、产业转型、新能源开发等多种手段，尽可能地减少煤炭、石油等高碳能源消耗，减少温室气体排放，达到经济社会发展与生态环境保护双赢的一种经济发展形态。

13. 低碳经济的发展情况怎样

"低碳经济"提出的大背景，是全球气候变暖对人类生存和发展的严峻挑战。随着全球人口和经济规模的不断增长，能源使用带来的环境问题及其诱因不断为人们所认识，在此背景下，"碳足迹""低碳经济""低碳技术""低碳发展""低碳生活方式""低碳社会""低碳城市""低碳世界"等一系列新概念、新政策应运而生。而能源与经济以至于价值观实行大变革的结果，将摒弃20世纪的传统增长模式，直接应用新世纪的创新技术与创新机制，通过低碳经济模式与低碳生活方式，实现社会可持续发展，为逐步迈向生态文明走出一条新路。

14. 怎样发展低碳经济

发展低碳经济有四个重要途径：
（1）戒除以高耗能源为代价的"便利消费"嗜好。
（2）戒除使用"一次性"用品的消费嗜好。
（3）戒除以大量消耗能源、大量排放温室气体为代价的"面子消费""奢侈消费"的嗜好。
（4）全面加强以低碳饮食为主的科学膳食平衡。

15. "循环经济"的定义是什么

循环经济即物质闭环流动型经济，是指在人、自然资源和科学技术的大系统内，在资源投入、企业生产、产品消费及其废弃的全过程

中，把传统的依赖资源消耗的线形增长经济，转变为依靠生态型资源循环来发展的经济。

16. 循环经济的发展情况怎样

1962 年美国生态学家蕾切尔·卡逊发表了《寂静的春天》，指出生物界以及人类所面临的危险。"循环经济"一词，首先由美国经济学家 K·波尔丁提出，主要指在人、自然资源和科学技术的大系统内，在资源投入、企业生产、产品消费及其废弃的全过程中，把传统的依赖资源消耗的线形增长经济，转变为依靠生态型资源循环来发展的经济。20 世纪 90 年代之后，发展知识经济和循环经济成为国际社会的两大趋势。我国从 20 世纪 90 年代起引入了关于循环经济的思想。此后，对于循环经济的理论研究和实践不断深入。1998 年引入德国循环经济概念，确立"3R"原理的中心地位；1999 年从可持续生产的角度对循环经济发展模式进行整合；2002 年从新兴工业化的角度认识循环经济的发展意义；2003 将循环经济纳入科学发展观，确立物质减量化的发展战略；2004 年，提出从不同的空间规模——城市、区域、国家层面大力发展循环经济。

17. 怎样发展循环经济

发展循环经济的主要途径，从资源流动的组织层面来看，主要是从企业小循环、区域中循环和社会大循环三个层面来展开；从资源利用的技术层面来看，主要是从资源的高效利用、循环利用和废弃物的无害化处理三条技术路径去实现。

18. "绿色经济" 的定义是什么

绿色经济是以市场为导向、以传统产业经济为基础、以经济与环境的和谐为目的而发展起来的一种新的经济形式，是产业经济为适应人类环保与健康需要而产生并表现出来的一种发展状态。

19. 绿色经济的发展情况怎样

美国前总统奥巴马在位时提出了绿色经济复苏计划，重点加大对绿色能源的投入。英国提出了《英国可再生能源战略》，为可再生能源产业指出了发展的方向和目标。法国公布的可再生能源发展计划包括 50 项措施，涵盖生物能源、风能、地热能、太阳能以及水力发电等多个领域。日本在 2009 年 4 月公布了名为《绿色经济与社会变革》的草案，要求采取环境能源措施，发展绿色经济。同时，发展绿色能源也是日本发展绿色经济的重要措施。在中国，绿色经济成为新的经济增长点。中国经济在世界金融危机中率先企稳回升，令世界瞩目，其中绿色经济的贡献不可小视。

20. 怎样发展绿色经济

（1）倡导以可持续发展为核心的绿色发展。

（2）发展低碳技术要建立在科技创新的基础上。

（3）通过低碳技术和产业政策，扬长避短，改造提升传统工业，培育战略性新兴产业。

（4）充分考虑碳关税等贸易保护措施的反制措施。

21. 怎样理解生态经济与低碳经济、
循环经济和绿色经济三者之间的关系

生态经济是种概念，低碳经济、循环经济和绿色经济是属概念，四者之间既有联系，亦有区别。其有联系之处表现在三个方面：一是理论基础相同，都是生态经济理论和系统理论；二是依靠的技术手段相同，都是以生态技术为基础；三是追求的目的相同，都是追求保护、改善资源环境，都是追求人类的可持续发展和环境友好型社会的实现。

但也有三个方面的区别：一是研究的角度不同。生态经济强调经济与生态系统的协调，注重两大系统的有机结合，强调宏观经济发展模式的转变，以太阳能或氢能为基础，要求产品生产、消费和废弃的全过程密闭循环。循环经济侧重于整个社会物质循环应用，强调循环和生态效率，资源被重复利用，提倡在生产、流通、消费全过程的资源节约和充分利用。绿色经济关爱生命，鼓励创造，突出以科技进步为手段实现绿色生产、绿色流通、绿色分配，兼顾物质需求和精神上的满足。低碳经济主要针对能源领域和应对全球气候变暖问题，重点从建立低碳经济结构、减少碳能源消费入手，建立全社会减少温室气体排放、应对全球气候变暖的应对机制和发展模式。

二是实施控制的环节不同。从经济系统和自然系统相互作用的过程来看，生态经济和循环经济分别从资源的输入端和废弃物的输出端来研究经济活动与自然系统的相互作用，同时，循环经济还关注资源，特别是不可再生资源的枯竭对经济发展的影响。绿色经济更多关注经济活动的输出端，即废弃物对环境的影响，重点在环境保护。低碳经济强调经济活动的能源输入端，通过减少碳排放量，使得地球大气层中的温室气体浓度不再发生深刻变化，保护人类生存的自然生态系统和气候条件。

三是核心内容不同。生态经济的核心是实现经济和自然系统的可持续发展。循环经济的核心是物质循环，使各种物质循环利用起来，以提高资源效率和环境效率。绿色经济强调以人为本，以发展经济、全面提高人民生活福利水平为核心，保障人与自然、人与环境的和谐共存，促使社会系统公平运行。低碳经济是以低能耗、低污染为基础的经济，其核心是能源技术创新、制度创新和人类消费发展观念的根本性转变。

22. 何为"环境库兹涅茨曲线"

库兹涅茨曲线是 20 世纪 50 年代诺贝尔奖获得者、经济学家库兹涅茨用来分析人均收入水平与分配公平程度之间关系的一种学说。研究表明，收入不均现象随着经济增长先升后降，呈现倒 U 型关系。当一个国家经济发展水平较低的时候，环境污染的程度较轻，但是随着人均收入的增加，环境污染由低趋高，环境恶化程度随经济的增长而加剧；当经济发展达到一定水平后，也就是说，到达某个临界点或称"拐点"以后，随着人均收入的进一步增加，环境污染又由高趋低，其环境污染的程度逐渐减缓，环境质量逐渐得到改善，这种现象被称为环境库兹涅茨曲线。

1991 年美国经济学家克罗斯曼和克鲁格针对北美自由贸易区谈判有关自由贸易恶化墨西哥环境并影响美国本土环境的问题，首次实证研究了环境质量与人均收入之间的关系，指出了污染与人均收入间的关系为"污染在低收入水平上随人均国内生产总值增加而上升，高收入水平上随国内生产总值增长而下降"。1992 年世界银行的《世界发

展报告》以"发展与环境"为主题，扩大了环境质量与收入关系研究的影响。1993年潘纳约托借用1955年库兹涅茨界定的人均收入与收入不均等之间的倒U型曲线，首次将这种环境质量与人均收入间的关系称为环境库兹涅茨曲线。环境库兹涅茨曲线揭示出环境质量开始随着收入增加而退化，收入水平上升到一定程度后随收入增加而改善，即环境质量与收入为倒U型关系。

环境库兹涅茨曲线提出后，环境质量与收入间关系的理论探讨不断深入，丰富了对环境库兹涅茨曲线的理论解释。但其局限性也很明显，如：

关系局限性。倒U型环境库兹涅茨曲线仅是一般化环境–收入关系的一种，不足以说明环境质量与收入水平间的全部关系。环境库兹涅茨曲线更多地反映地区性和短期性的环境影响，而非全球性的长期影响。对于中国的情况，赵细康等认为仅烟尘具有弱环境库兹涅茨曲线特征，中国多数污染物的排放与人均国内生产总值变化间的关系还不具有典型的环境库兹涅茨曲线变化特征。若一些污染物在中国存在环境库兹涅茨曲线，则是中国人均国内生产总值尚未达到转折点。

指标局限性。环境库兹涅茨曲线的概念不能适用于所有的环境指标，如土地使用的变化、生物多样性的丧失等。这主要是基于环境退化分为污染与自然资源（土地、森林、草地及矿产资源等）的减少两类，而且一些环境损害很难衡量，特别是土地腐蚀、沙漠化、地下水层的污染与耗竭、生物多样性的损失、酸雨、动植物物种的灭绝、大气变化、核电站风险等。即使一部分环境指标存在环境库兹涅茨曲线，这部分环境库兹涅茨曲线的存在并不能确保延续到将来，即将来收入提高过程中环境并不一定会改善。

国家局限性。环境退化是多种因素导致的，不同阶段的环境退化与经济增长有着不同的关系，发展中国家的环境退化与人口压力、自然资源的过度开发、非密集生产方式、低生产率等有关，发达国家的环境退化更多地与过度消费有关。不同发展阶段的国家可以有针对性地减缓环境退化。可以说，经济发展并不必然最终带来环境改善，简单地将环境库兹涅茨曲线当作对环境乐观的理由，相信经济增长最终自动地解决环境问题，则是过于乐观和缺乏理由的。

经济增长与环境改善可以并行，其前提条件是在经济增长的同时，实施有效的环境政策。经济增长只是为环境政策的出台和有效实施提供了条件，如高增长性经济条件下充裕的资本保障了减污投资增加等。

值得说明的是，研究者对环境库兹涅茨曲线的理论批评并未深入触及环境库兹涅茨曲线的理论基础，也显示环境库兹涅茨曲线有其可取之处，其倒 U 型体现了经济增长对环境改善的有利影响，并且在考察流量污染物的短期变动轨迹方面更有效。

我国主要污染物排放总量快速增加的态势得到遏制，主要污染物排放渐次达到峰值，或进入平台期。按照"环境库兹涅茨曲线"的分析框架，对比发达国家环境改善历程，我国近年来已经跨越了"环境拐点"，环境质量总体上进入稳中向好的阶段。

"库兹涅茨曲线"假说认为，污染物排放和经济发展之间存在类似"倒 U 形"的曲线：污染物排放随着经济的发展先增后减，即当经济发展到某一水平时环境污染程度达到最高，而后经济继续发展，环境污染却随之下降，环境质量逐渐变好。

从国际比较视角看，与先行国家相比，标志性污染物达峰时我国人均国内生产总值水平更低，治污减排体现出一定的超前性。尽管我国污染物排放总体上已跨越峰值，但仍然远超环境容量，在大幅度削减后才能实现环境质量根本性改善，这需要一个长期过程。同时，这也意味着近中期环境污染形势仍十分严峻和复杂。或可认为，我国经

济增长和污染物排放正逐步"脱钩"，这也是我国环境保护与经济增长再平衡的重要阶段。

23. "绿色交通"的定义是什么

绿色交通，广义上是指采用低污染，适合都市环境的运输工具，来完成社会经济活动的一种交通概念。狭义指为节省建设维护费用而建立起来的低污染，有利于城市环境多元化的协和交通运输系统。

交通是城市的动脉，绿色交通是生态城市发展的动脉。中国生态城市的发展有待进一步努力，而绿色交通的发展是其题中应有之义，需要陆路、海路、空路多方位继续努力，需要在道路的立体绿化，车流的尾气净化，人流的行为文明等方面继续努力。

24. 绿色交通的发展情况怎样

绿色交通是 21 世纪以来世界各国城市交通发展的主要潮流。欧盟和美国都把多模式交通、服务品质、生活品质和环境保护等作为发展交通的核心价值。在中国，以铁路、公路、航空、水运和管道等为主的城市和城际综合交通运输网络初步形成，交通运输量大幅增长，交通运输设施和装备水平显著提高，现代管理和信息化应用水平明显提升。交通运输业实现了跨越式发展，步入了纵横交错、多种运输方式共同发展的新阶段。我国正在迈向世界一流的交通强国。首先是交通基础设施建设成效显著，为人畅其流、物畅其流和交通运行过程中的节能减排提供了基本保障。"五纵七横"国道主干线已经完成，高速铁路里程全球第一，海洋运输总量全球第一，港口吞吐量全球前十位者，中国占其七。航空运输水平也在迅速提升。管道运输能力亦凸显中国特色。城市轨道交通发展迅猛，拥有地铁的城市越来越多，世界地铁运营里程最长的前十个城市中国已超过一半，且很快就会被中国所包揽。

其次是交通基础设施及其周边绿化建设成效显著，为交通运行过程中的节能减排和城市生态优化提供了基本保障。

再次是交通运输节能减排政策有力，为交通运行过程中的节能减排和城市生态优化提供了有效保障。

随着城市化进程的加速，步行和自行车这两种交通方式已经不能完全满足人们的生活需求，但是我们依然提倡绿色出行。大力开发和推广绿色环保的公共交通方式，是大力发展新能源公共交汽车、减少大气污染改善环境的重要举措。如清洁能源汽车，CNG（压缩天然气）和LNG（液化天然气）公交客车等，目前在部分省市已经投入使用，随着科技的进步和绿色运输工具的推广，绿色交通将为城市环境作出突出贡献。

25. 怎样发展绿色交通

政府与市民应从以下几个方面着力。

（1）着力于机动运输载体的节能减排。

要大力发展公共交通。世界上道路交通最繁忙的地区之一香港，人多地狭、高楼林立，弹丸之地，发展交通的条件可谓先天不足，但香港却没有大都会的通病——塞车。"弹丸之地不塞车"，秘诀何在？秘诀就在于其公共交通系统的发达。香港公交种类繁多，别具特色，市民选用公交出行的比例高达90%，在世界各地名列前茅。此足可引以为鉴。我国内地城市应认真学习香港的成功经验，尽快改善现有的路面公交线路和频次，真正做到便捷、舒适、安全、环保，使得城市

居民对公共交通有依赖感、信任感；有条件的城市应尽快上马地铁、轻轨等交通项目，发达的公共交通是减少私家车大量出行的有效方法。同时应辅以若干措施比如提高停车费用等调控机动车的出行数量。

推广使用环保型公共交通车辆。改善广大市民的乘车环境，逐步引进和推广使用清洁能源的公交车辆。在新能源汽车风中，有两个现象值得关注。一是在商用车行业乃至整个汽车行业里，客车行业是最先沐浴新能源政策阳光的细分领域，也是在各地最早批量上路运营的汽车品种。二是在中央的政策激励下，各地方的新能源公交车采购工作如火如荼地开展起来，涌现出动辄上百辆的采购大手笔。建议保持好势头。

大力发展慢行系统。提倡步行和骑自行车以降低汽车在城区的运行数量，减少汽车尾气的排放量，从而既达到推广绿色交通的目的，又降低了能源消耗量，且有助于市民健身，一举多得。

源头杜污，尽快产出新能源汽车。现在，全球汽车产业都在研发新能源汽车，有的在开发混合动力汽车，有的在开发电动汽车，可以肯定的是，谁掌握了新能源汽车技术的"金钥匙"，谁就掌握了未来汽车产业发展的主导权，谁就在一定程度上掌握了低碳经济的主动权。应迅速提升新能源汽车的生产能力，同时加快城市的电动汽车电池充电基站的基础设施建设，提供完备的新能源汽车运行供应链，便民运用，从源头上杜绝汽车尾气污染量的扩张。

（2）着力于发展道路的净化绿化。

加大路面及交通附属固定设施的净化管理，加大路面清洁车辆的工作频度和优化路面清洁车辆的工作质量，严格监管大型超载货车的运行，避免其对路面的碾压破坏；防止运沙车运输过程中沙石的泄露，及时处理路面沙石、尘土的堆积。尽量减少路面粉尘飞扬和垃圾飞扬。

消除城市建筑施工扬尘，施工过程中按规范要求进行清运和堆放工地清扫出的建筑垃圾，工地上易产生粉尘的设备安置在相对封闭的操作棚内，产生的木屑、废料等及时清理。工地在清扫时应采取防尘、吸尘措施。

消除裸地、不断增加绿化面积，除建筑物、硬路面和林木之外，其余裸地全部用草坪覆盖。

大面积发展立体绿化，在高架桥边和桥梁柱上，在路边建筑物楼面楼顶，都是可以发展立体绿化的有效空间。

大力发展城市森林，有数据显示，6 棵大树可以吸收一辆汽车行驶 4 小时所排放的气体量。在路边或距离路边较近的空地上，大面积种植树林，使之可以有效地吸附道路车辆扬起的二氧化碳等有害气体和粉尘，净化道路空气。

（3）着力于提升城市居民的交通行为文明。

首先，要提升城市交通管理者的行为文明。一是要通过科学的交通管理与控制，提升其管理行为的文明程度。采用电子信息等高新技术和现代管理方式，起到高端、高效、高辐射力的作用，而且具有低能耗、占用资源少、环境污染小的优点。二是要通过不断完善，合理规划，提升其管理行为的文明程度。完善城市路网，妥善处理路网交叉口、建筑物出入口、公共交通的衔接点等，减少交通拥堵隐患；要有"和合"意识，自行车与公共汽车，人行道与机动车，驾驶员与行人，绿化与交通，广告与交通等都要协调规划；发展多模式交通，尤其是公共交通在通行比例上占压倒性优势，真正落实"公交优先"原则，提高其运行效率，并进行交通需求控制，引导适度的消费需求，把交通流量转移到公共交通上来，使资源消耗小，交通更有效；要充分发挥城市交通"微循环"的系统作用，即利用连接主次干道的各种

小支路、小街、胡同里弄等这些"微循环"道路资源，以缓解交通拥堵，达到绿色交通的目的。三是要通过城市交通管理者执法文明水平的不断提高，提升其管理行为的文明程度。城市交通管理者是其他交通行为者的行为文明楷模。其执法用语、身体行为用语的文明程度，都会直接影响其他交通行为者的文明程度，因此，城市交通管理者要有强烈的服务意识、和合意识，通过自身的文明行为，影响其他交通行为者的思维和行为，使其在拥堵的出行路上，舒缓急躁的情绪，提升其行为的文明自觉。

其次，要培养城市市民的交通行为文明。广大市民理应成为倡导交通行为文明，践行交通行为文明的主体。要通过各种方式引导其不断提升交通行为文明的自觉性，不要在行车路上打开车窗吐痰、随便抛物，不要在行车途中违规行驶、随便变道塞车，不要在遇到摩擦时就停车找碴、随便骂人、造成人为堵车，等等。市民交通文明程度的提升，肯定会给城市交通的人畅其流创造良好的人文环境，也肯定会给城市绿色交通的发展创造良好的人文环境。方方面面都应当为之鼓励。

26. "生态物流"的定义是什么

生态物流也称绿色物流。学术界对生态物流的定义主要有以下几种。

（1）吴和盾认为，绿色物流就是对环境负责的物流系统，既包括从原料的获取、产品生产、包装、运输、仓储，直至送达最终用户手中的前向物流过程的绿色化，还包括废弃物回收与处置的逆向物流。

（2）罗德格等认为，绿色物流是与环境相协调的物流系统，是一种环境友好而有效的物流系统。

（3）美国逆向物流执行委员会在研究报告中对绿色物流的定义是：绿色物流也称"生态物流"，是一种对物流过程产生的生态环境影响进行认识并使其最小化的过程。

（4）我国2001年出版的《物流术语》中定义：绿色物流就是对环境造成危害的同时，实现对物流环境的净化，使物流资源得到充分的利用。

我们认为：凡是以降低物流过程的生态环境影响为目的的一切手段、方法和过程都属于绿色物流的范畴。

27. 生态物流的发展情况怎样

（1）发达国家生态物流的发展情况。在美、日、欧等发达国家和地区，绿色物流活动早已引起政府的重视。这种重视充分地体现在有关的物流规划之中。

美国：发展环境友善型物流。美国在其到2025年的《国家运输科技发展战略》中，规定交通产业结构或交通科技进步的总目标是"建立安全、高效、充足和可靠的运输系统，其范围是国际性的，形式是综合性的，特点是智能性的，性质是环境友善的"。一般企业在实际物流活动中，对物流的运输、配送、包装等方面应用诸多的先进技术，如电子数据交换、准时制生产、配送规划、绿色包装等，为物流活动的绿色化提供强有力的技术支持和保障。

欧洲：提效率促规范保绿色。在20世纪80年代，欧洲就开始探索综合物流供应链管理。它的目的是在商品流通过程中加强企业间的合作，改变原先各企业分散的物流管理方式，通过合作形式实现原来不可能达到的物流效率，从而减少无序物流对环境的影响。最近欧洲又提出一项整体运输安全计划，它的目的是为了尽量避免或者减少海

洋运输对环境的污染。欧洲的运输与物流业组织——欧洲货代组织对运输、装卸、管理过程制订出相应的绿色标准，鼓励企业运用绿色物流的全新理念来经营物流活动，加大对绿色物流新技术的研究和应用，如对运输规划进行研究，积极开发和试验绿色包装材料等。

日本：标准化运作生态物流。日本除了在传统的防止交通事故、抑制道路沿线的噪音和振动等问题方面加大政府部门的监管和控制作用外，还特别出台了一些实施绿色物流的具体目标值，如货物的托盘使用率、货物在停留场所的滞留时间等，来减低物流对环境造成的负荷。另外，为解决地球的温室效应、大气污染等各种社会问题，日本政府与物流业界在控制污染排放方面，积极实施在干线运输方面推动模式转换（由汽车转向对环境负荷较小的铁路和海上运输）和干线共同运行系统的建构，在都市内的运送方面推动共同配送系统的建构以及节省能源行驶等。

（2）我国生态物流的发展现状。在习近平生态文明思想的引导下，不少企业已加强环保意识，将生态物流作为企业经营的宗旨和竞争的法宝；一些企业已经开始按环境标准实行清洁生产和生态物流，如大量引入新能源运输工具、大力推广甩挂运输、大力发展冷链物流，等等。曾受到交通运输部肯定的福建甩挂运输就是一例。

（3）我国实施生态物流存在的问题。

第一，观念上的差距。经营者和消费者对域外物流生态经营消费理念仍非常淡薄，生态物流的思想几乎为零。

第二，政策性的差距。一些发达国家的政府在绿色物流的政策性引导上，制订了诸如控制污染发生源，限制交通量和控制交通流的相关政策和法规，而且还从物流业发展的合理布局上为物流的绿色化铺平道路。尽管我国自20世纪90年代以来，也一直致力于环境污染方面的政策和法规的制订和颁布，但针对物流行业的还不是很多。另外，由于物流涉及的有关行业、部门、系统过多，而这些部门又都自成体系，独立运作，各做各的规划，各搞各的设计，各建各的物流基地或中心，导致物流行业无序发展，造成资源配置的巨大浪费，也为物流运作上的环保问题增加了过多的负担。

第三，技术上的差距。厦门港和上海洋山港已率先突破，但众多物流企业的物流机械化的程度和先进性与生态物流要求还有距离。物流材料的使用上，与生态物流倡导的可重用性、可降解性也存在巨大的差距。另外，在物流的自动化、信息化和网络化环节上，还需加倍努力。

28. 怎样发展生态物流

（1）树立生态物流全新运作理念。
（2）制定一套完善的现代生态物流产业发展政策和法规体系。
（3）加快绿色物流公共基础设施规划与建设。
（4）促进物流信息系统发展和标准化体系建设。
（5）重视物流人才培养和科研工作。

29. "新能源"的定义是什么

新能源一般是指在新技术基础上加以开发利用的可再生能源，包括太阳能、生物质能、水能、风能、地热能、波浪能、洋流能和潮汐能，以及海洋表面与深层之间的热循环等；此外，还有氢能、沼气、酒精、甲醇等，而已经广泛利用的煤炭、石油、天然气、水能等能源，称为常规能源。

30. 新能源的发展情况怎样

（1）新能源增量在多个领域位居世界前列。近年来，我国新能源利用取得长足发展。目前已是全球核电规模最大的国家。风电装机容量已达世界前列。太阳能光伏发电产业发展迅速，产量已超全球一半以上。沼气年产量约130亿立方米，均居于世界前列。自2010年中国产出第一立方米页岩气起，中国的页岩气开发就已经驶入了快车道，仅次于美国、加拿大。

（2）在关键技术方面有所突破。我国在新能源发展的关键技术方面取得许多突破，一系列产业化推广示范工程的启动加速了新能源技术及产品的应用。

31. 怎样发展新能源

（1）要大力推进新能源科技创新。

（2）优先开发利用具有资源优势的新能源。

（3）尽快制定出台支持地方加快新能源产业发展的配套政策。

32. "低碳建筑"的定义是什么

低碳建筑是指在建筑材料与设备制造、施工建造和建筑物使用的整个生命周期内，减少化石能源的使用，提高能效，降低二氧化碳排放量。

33. 低碳建筑的发展情况怎样

目前低碳建筑已逐渐成为国际建筑界的主流趋势。一个经常被忽略的事实是，建筑在二氧化碳排放总量中，几乎占到 50%，这一比例远远高于运输和工业领域。欧洲近年流行的"被动节能建筑"可以在几乎不利用人工能源的基础上，依然能够使室内能源供应达到人类正常生活需要。这在奥地利、德国等国家，已经成为现实。在中国，低碳建筑思想也越来越受到重视，并已写进国家的发展规划中。

34. 怎样发展低碳建筑

低碳建筑是一个高能效、低能耗、低污染、低排放的建筑体系。要加快建设以低碳为特征的建筑体系建设，就要从关注单体建筑节能向关注整个城市建筑节能转变，从关注建设施工阶段节能向两端延伸，即涵盖土地获取、规划、设计、施工、建筑运行阶段的节能直到建筑报废阶段的节能。具体如外墙节能技术、门窗节能技术、屋顶节能技术等。采暖、制冷和照明是建筑能耗的主要部分，如使用地（水）源热泵系统、置换式新风系统、地面辐射采暖。新能源的开发利用：太阳能热水器、光电屋面板、光电外墙板、光电遮阳板、光电窗间墙、光电天窗以及光电玻璃幕墙等。

35. "生态旅游"的定义是什么

生态旅游的概念最早由世界自然保护联盟于 1983 年首先提出，1993 年国际生态旅游协会把其定义为：具有保护自然环境和维护当

地人民生活双重责任的旅游活动。生态旅游更强调的是对自然景观的保护，是可持续发展的旅游。

36. 生态旅游的发展情况怎样

中国的生态旅游是主要依托于自然保护区、森林公园、风景名胜区等发展起来的。1982年，中国第一个国家级森林公园——张家界国家森林公园建立，将旅游开发与生态环境保护有机结合起来。此后，我国的森林公园如雨后春笋般地蓬勃发展。已建立各种类型、不同级别的自然保护区数千个，保护区总面积约15000万公顷，加入联合国"人与生物圈保护区网"的自然保护区有武夷山、鼎湖山、梵净山、卧龙、长白山、锡林郭勒、博格达峰、神农架、茂兰、盐城、丰林、天目山、九寨沟、西双版纳等。

中国目前著名的生态旅游景区可以分为以下九大类：

（1）山岳生态景区，以五岳、佛教名山、道教名山等为代表。

（2）湖泊生态景区，以长白山天池、肇庆星湖、青海的青海湖等为代表。

（3）森林生态景区，以吉林长白山、湖北神农架、云南西双版纳热带雨林等为代表。

（4）草原生态景区，以内蒙古呼伦贝尔草原等为代表。

（5）海洋生态景区，以广西北海及海南文昌的红树林海岸等为代表。

（6）观鸟生态景区，以江西鄱阳湖越冬候鸟自然保护区、青海湖鸟岛等为代表。

（7）冰雪生态旅游区，以云南丽江玉龙雪山、吉林延边长白山等为代表。

（8）漂流生态景区，以湖北神农架等为代表。

（9）徒步探险生态景区，以西藏珠穆朗玛峰、罗布泊沙漠、雅鲁藏布江大峡谷等为代表。

37. 怎样发展生态旅游

在生态旅游发展的过程中，各个国家和地区都采取了一系列行之有效的措施，主要做法有：

（1）立法保护生态环境。例如 1916 年，美国通过了关于成立国家公园管理局的法案，国家公园的管理纳入了法制化的轨道。在英国，1993 年就通过了新的《国家公园保护法》，旨在加强对自然景观、生态环境的保护。自 1992 年里约热内与联合国环境发展大会以后，日本就制定了《环境基本法》。1923 年芬兰颁布了《自然保护法》。

（2）制定发展计划和战略，突出生态旅游产品的地域特色和文化内涵。吸收国内外发展生态旅游的先进经验，并结合当地的实际情况，立足本地资源和历史文化优势，大力开发独具特色的生态旅游产品，如登山探险游、动植物观赏游、海滨度假观光游、农业观光游和温泉康疗等专项旅游产品。

（3）进行旅游环保宣传。在发展生态旅游的过程中，很多国家都提出了不同的口号和倡议，例如英国发起了"绿色旅游业"运动，日本旅游业协会召开多次旨在保护生态的研讨会，并发表了"游客保护地球宣言"。

（4）重视当地人利益，让当地居民应融入生态旅游发展中来，但不可过分商业化。如菲律宾通过改变传统的捕鱼方式不仅发展了生态旅游业，同时也为当地人提供了替代型的收入来源。

（5）多种技术手段加强管理。在进行生态旅游开发的许多国家都通过对进入生态旅游区的游客量进行严格的控制，并不断监测人类行为对自然生态的影响，利用专业技术对废弃物做最小化处理，对水资源节约利用等等手段，以达到加强生态旅游区管理的目的。澳大利亚联合旅游部、澳大利亚旅游协会等机构还出台了一系列有关生态旅游的指导手册。此外，很多国家都实行经营管理的分离制度，实施许可证制度加强管理。

（6）建设高素质的生态旅游人才队伍。生态旅游是一种新兴的特殊旅游方式，需要高素质的专业管理人才和服务人才。应利用旅游院校、培训班、专题讲座、学术会议等各种形式及请进人才、派出学习等办法培养一大批生态旅游方面的专业人才，加强对生态旅游理论和规划方面的研究，为我国实现旅游可持续发展提供人才保障。

38. 个人在旅游中怎样保护生态环境

（1）在出行前，多了解景区的风土人情，自然文化知识。在旅行过程中，在近距离接触过程中，应时刻尊重当地的文化和社区人民，不对当地环境造成任何主动性的破坏。

（2）踩踏、攀摘野花等不文明行为会造成土壤侵蚀，影响自然保护区植物的生长发育和更新。随地吐痰、随处扔垃圾等不文明行为会影响景区清洁卫生。应随身带个塑料袋自我处理垃圾，自觉爱护景区环境卫生，不做景区污染源。在旅游中做到"除了脚印什么都不留下，除了照片什么都不带走"。

（3）在旅行结束后，要把生态旅游的思想宣传出去，并融入自己的日常生活。

39. 怎样保护温泉生态

（1）温泉景区的开发，要与当地环境、文脉相一致。尽量使用当地的建材，如古朴各异的天然石头或同其文化环境相适应的材料。既节省开发成本，减少对环境的改造，也突出地方特色。

（2）走可持续发展之路。实际取水量要低于可开采量的三分之一；汤池应尽量建成小池，不但卫生，而且还能提高温泉利用率；利用温泉余热作为自来水以供应宾客、员工冲凉等。

40. 怎样发展温泉旅游

（1）资源整合战略。把温泉资源与周边旅游资源集聚整合，使温泉旅游从单一的"泡浴"方式扩展开来，打造系统完整、机制合理的温泉旅游地。

（2）功能提升战略。提升和完善温泉景区的档次，新建景区和项目要在功能上高起点规划、高标准建设、高水平运作、高品质服务。

（3）文化制胜战略。深入挖掘并表现福建本地的文化特色，将福建独特的文化融入温泉旅游，让游客在体验温泉的同时，感受福建厚重的文化底蕴。

（4）产品创新战略。根据市场需要，结合福建的资源特点，不断创新产品类型和消费形式，做市场的开拓者，引领消费时尚，形成温泉旅游创新中心。

（5）市场竞合战略。处理好温泉景区竞争与合作的关系，优化温泉旅游与其他旅游产品的线路，在竞争合作中凝聚整体力量，共同培育福建温泉品牌。加强闽台联动合作，学习台湾地区的先进经验，不

断拓展台湾市场。

（6）政府主导战略。强化政府对温泉旅游产业的规划引导，避免温泉开发的盲目性、低层次和同质化。近期启动的大型温泉旅游项目，要高起点、高定位、高配套，通过政府主导实现福建温泉旅游跨越式发展。

41. 怎样保护城市公园的生态功能

（1）通过系统调控，以资源持续利用和生态环境质量改善为基础和条件，以培植城市公园可持续发展能力为先导和手段。

（2）改变传统的发展模式和建设模式。完善生态规划，通过建设资源价值化，将投入资源消耗核算和生态环境因子损失测算纳入生态规划体系。

（3）改变公园原始环境质量不足的状况。通过增加种群数量、开发本地群落资源、提高营养级关系，尽量培植复杂的食物网，使城市公园的生态功能得到充分发挥。

（4）采用政策宏观干预、公众理性参与和区域性法律、技术、行政、手段，在时空的耦合度上使公园的生态系统同人口、经济、资源、自然生态环境之间保持高效、和谐、优化、有序的发展。

42. 怎样发展城市公园的生态旅游

首先，城市公园的建设布局本身就必须具有生态教育功能，从公园花卉树木的栽培和介绍、路径的大小及弯曲度的设计和铺设、休憩场所材质的选择和设计、垃圾存储及运输的设计和运作，园内交通工具的选择和操作、园内灯具的选择和设计、园内水域的净化设计和运筹，等等，都必须明确无误地传递生态功能信息，使游人在游玩中自觉或不自觉地接受生态知识教育，自觉不自觉地在行为上保护公园生态。

其次，公园管理人员必须自觉地当好生态保护的教育者和示范者，无论是大型游乐活动的安排，还是路边小径垃圾的捡拾；无论是对游人不随地吐痰的耐心劝导，还是对旅游团队爱护公园环境的精心要求，公园管理人员的脑里都必须有根生态保护的"弦"，并且身体力行。

43. 如何理解构建以国家公园为主体的自然保护地体系

党的十九届四中全会审议通过的《中共中央关于坚持和完善中国特色社会主义制度，推进国家治理体系和治理能力现代化若干重大问题的决定》，确定了"加强对重要生态系统的保护和永续利用，构建以国家公园为主体的自然保护地体系，健全国家公园保护制度"的战略行动目标。"健全国家公园保护制度"是坚持和完善生态文明制度体系的重要内容，有利于建立以国家公园为主体、自然保护区为基础、各类自然公园为补充的自然保护地管理体系。对于新时代贯彻习近平生态文明思想，加快推进生态文明建设，强化自然保护地的高效管理，保护生物多样性，促进人与自然和谐共生，维护国家生态安全，建设美丽中国，具有重大而深远的意义。

国家公园是重要的自然保护地类型，蕴藏丰富而重要的自然资源、生态功能和文化价值。1832 年，以描绘印第安人生活著称的画家乔治·卡特琳提出的建立"人类和野兽共生的、完全展示自然之美的野性和清新"的"国家公园"的倡议，伴随着 1872 年人类历史上第一个真正意义上的美国黄石国家公园的建立而成为现实。从此，国家

公园这一重要自然保护地模式在全球范围得到迅速推广，并被联合国环境规划署认定"在储备地球自然场域、保护生物多样性以及可持续使用自然资源等方面起到了非常重要的作用"。据不完全统计，目前全世界有一百多个国家和地区建立了国家公园。我国定义的国家公园是指"由国家批准设立并主导管理，边界清晰，以保护具有国家代表性的大面积自然生态系统为主要目的，实现自然资源科学保护和合理利用的特定陆地或海洋区域"。

我国的国家公园是在先期建设发展的国家自然保护区、国家重点风景名胜区、国家森林公园、国家湿地公园、国家地质公园、国家水利风景区、国家矿山公园等为主体的自然保护地为基础建立起来的。我国建立的各级各类自然保护地的地域面积约占我国陆域面积18%，超过世界平均水平。

十八届三中全会首次提出建立国家公园体制。随后，建立国家公园体制的探索逐步有序开展。以国家公园为主体的自然保护地，是生态建设核心载体、中华民族宝贵财富、美丽中国重要象征，在维护国家生态安全中居于重要地位。加快推动构建以国家公园为主体的自然保护地体系，把国家公园建设成为展现我国生态文明建设伟大成就的一张亮丽名片。

44. 怎样保护滨海城市的生态功能

滨海城市是资源依赖型城市，对其生态功能的保护主要是对海洋、滨海资源的保护。

（1）把海洋污染防治工作摆到重要位置。不能因为海洋环境容量比较大就忽略这项工作，要进一步加大投入、加强管理，确保污水治理等基础设施建设到位，同时明确政府职能，加强企业环保意识。

（2）加强沿海保护区的生态补偿。如提高补偿标准，出台有利于海洋生态资源保护的政策。

（3）在发展海洋经济时，要通过提高可持续发展能力，通过提高集约利用、科学利用水平，提升海洋经济对内陆地区的贡献。在发展过程中，始终要处理好海洋资源的保护与合理利用之间的关系。

45. 怎样发展滨海城市的生态旅游

（1）要做到资源的开发与保护相结合。滨海地带是大陆和海洋交接地带，同时受到大陆、海洋两种外营力的作用，其自然环境具有敏感性和脆弱性。一旦自然环境中的一个要素或环节遭受破坏（如岩石、沙滩），除本身无法再生外，还可能引起连锁反应，对整个环境造成巨大影响，而滨海地带自然环境的恢复是极其困难的。本区的某些人文旅游资源（如历史遗迹）为历史遗留下的，其不可再生性众所周知。因此，做到资源的开发与保护相结合对本区旅游业发展具有现实与长远的意义。

（2）要保持滨海地区整体景观的和谐之美。沿海地区的整体与景点组合的美妙是区域生态旅游发展最宝贵的财富。因此，在发展过程中，应保护好这一财富，保持和谐之美。避免在山头上发生破坏性的动土动石，以保持跌宕起伏、错落有致的地貌轮廓；避免破坏岬角、填挖沙滩，以保持沙滩的稳定和海岸的曲线美。坚持做到项目建设不以损坏沿海岛屿海蚀地貌的形态美为代价。在色彩方面，要保持增强绿叶红花、金沙碧海的主色调。在适当增加植被覆盖率、提高绿化档次、维持沙滩、海水洁净的同时，加大种植花卉的力度，让游客感到在滨海地区旅游如同置身花园之中。在结构上，景点与景点之间，景区与功能分区之间，功能分区与全岛之间，单体建筑与群体建筑之

间，建筑、道路与绿化之间要做到比例协调、联系性好、功能性强；旅游项目应按照功能分区来布局，做到既节省投资、突出主题，又避免布局结构上的无序。最后，一定要保持秀丽的景点与浓厚的文化艺术氛围之间的和谐之美，让游客在这里品味无穷的诗情画意，获得高层次的享受。

（3）滨海防护林体系建设是滨海生态旅游资源开发的基础和前提。防护林防风固沙、降低风速的功能对空气中粉尘、飘尘等的滞留效果非常明显。这不仅保护着整个滨海区域的生态安全，而且防护林本身的小气候环境的改善也成为发展生态旅游的优势资源之一。

46. 怎样保护岛屿的生态功能

第一，要维护好岛屿现有地理地貌，切忌为了产业发展而进行破坏性开发；第二，要加大对岛屿植被的培植力度，提升其生态保护功能，第三，要对岛屿周边海域净化采取切实有效的保护措施，使之不受污染并不断提高净化度。第四，要对进出岛屿或到岛屿来工作、旅游的人员进行生态管理教育，使其自觉成为岛屿生态功能的保护者。

47. 怎样发展岛屿生态旅游

（1）开发具有特色的岛屿生态旅游产品。依据岛屿自身条件，选择少数几项国内外少有且对旅游者有较大吸引力的资源进行设计和开发，突出岛屿特色，增强参与性和环保教育。如岛屿地貌奇观游览、原始生态考察旅游等。

（2）强化岛屿生态旅游管理。对旅游者的流量和流向严格控制，合理分流，避免某些旅游区在旅游旺季时因过度拥挤造成岛屿环境不堪重负，旅游环境质量恶化。

（3）重视环境教育，提高人的素质。高素质的旅游管理者应熟知岛屿地理、动植物生态和环保知识等。

（4）合理开发和利用岛屿淡水资源。采用海水淡化技术，加强岛屿淡水资源的综合利用和保护。

48. "生态文化"的定义是什么

文化是一个民族对所处的自然环境和社会环境的适应性体系，生态文化就是一个民族对生活于其中的自然环境的适应性体系。从生态文化这一概念的内涵和外延中可以看出，所谓生态文化，实质上就是一个民族在适应、利用和改造环境及其被环境所改造的过程中，在文化与自然互动关系的发展过程中所积累和形成的知识和经验，这些知识和经验就蕴含和表现在这个民族的宇宙观、生产方式、生活方式、社会组织、宗教信仰和风俗习惯之中。

49. 生态文化的发展情况怎样

我国的生态文化建设处于初始阶段，基本上还是处于揭露生态遭破坏、强调生态环境重要性、呼吁人们重视生态环境的保护与建设、表达人们与自然和谐相处的愿望等的初始阶段。表现形式也比较有限，主要是文学中的报告文学和传记类文学，有少量的小说和影视文学。

50. 怎样发展生态文化

（1）进行生态文化基础理论研究，夯实生态文化发展的基础。把社会主义实践中形成的朴实的、感性的生态认知上升到系统的生态文化理论，包容不同地域、不同民族、不同形式的生态文化个性、汲取丰富营养、升华生态文化思想，使之理论化、系统化，更具时代特色。

（2）注重生态文化的传播，倡导绿色生产生活。文化是需要传播的，否则不成其为文化。生态文化传播要与人民群众生产生活相结合。如通过广播、电视、互联网、报纸、杂志等大众传播形式，并积极探索具有生态文化特色的传播方式，比如结合世界地球日、环境日，结合全国植树节、爱鸟周、科普活动日等开展宣传教育活动。向人们提倡绿色生活，将生态文化理念融入人们衣食住行等日常消费中。加强对企业生态文化理念的宣传，引导企业选择绿色生产方式，选择太阳能、风能、生物质能等绿色能源，加速节能、降耗、减排技术改造，开展原材料循环利用。

（3）建设生态文化基地，发挥示范引导作用。建设生态文化示范基地是一项长期的工作任务，可以采取多种形式开展。比如由政府或企业或个人出资兴建，也可在已有的博物馆、文化馆、科技馆、标本馆、科普教育和生态教育示范基地基础上进行改建，或是给一些有典型意义的森林公园、自然保护区、湿地公园进行"全国生态文化示范基地"授牌。

（4）发展生态文化产业，满足人民群众多层次、多样性需求。生态文化体系的每一个分支都带动支撑着一个实体经济的发展。比如森林文化带动森林旅游产业，花文化带动花卉产业等等。生态文化产业作为新兴产业，其产业链的形成、发展和延伸既可以拉动国内需求，又可以增加我国的软实力，增加出口。

51. "文化产业"的定义是什么

从事文化产品生产和提供文化服务的经营性行业。文化产业是与文化事业相对应的概念，两者都是社会主义文化建设的重要组成部分。文化产业是社会生产力发展的必然产物，是随着中国社会主义市场经济的逐步完善和现代生产方式的不断进步而发展起来的新兴产业。

52. 文化产业与生态经济是什么关系

文化产业与生态经济是紧密联系的。生态经济是以生态资源为基础的环境经济与文化经济，也包括生态技术、环保技术与文化技术汇聚的知识经济及以知识为基础的服务经济。生态经济为文化产业的发展提供了机会，文化产业以文化为依托，促进生态经济的全面发展。

不发展文化产业的生态城市是不完整的，而不依托生态城市的文化产业发展是不会持续的。推动文化产业成为城市经济支柱性产业，既是优化经济结构和产业结构，加快转变经济发展方式的需要，也是拉动居民消费结构升级，满足人民群众多样化精神文化需求的需要，更是发展生态经济，推动生态城市和生态强省建设的需要。随着政府支持文化产业发展的财政、税收、技术创新、土地等方面政策的进一步完善，随着文化体制改革的深化，文化产业必将迎来一个发展繁荣的全新阶段，打造城市经济发展的高端版、升级版，并进一步推动生态城市建设迈向新台阶。

转变发展方式、优化产业结构是生态城市建设的工作重点。加快生态经济发展是生态城市建设的主要任务。文化产业作为一种低耗能、低耗材、低污染、高附加值、高影响力的产业形态，是生态经济的重要组成部分，也是生态城市建设的重要内容。文化产业中包括众多的次产业类别，它们是在产业发展的不同时期或不同阶段历史地形成的。这些产业可分为三个层次或部类：第一部类是传统意义上的文化产业：如文化旅游业、文艺演出业、民族传统节庆和传统工艺品等；第二部类是以电子与纸质印刷为基础的广播、电视、电影、新闻出版等常态文化产业；第三部类是数字化、互联网等高新技术支撑下，当代时尚生活潮流推动的创意产业新业态。大力发展文化产业，尤其是高端文化产业，对进一步调整经济发展方式，优化产业结构，具有强有力的正向效应。生态城市建设所营造的良好生态环境，又有利于吸引文化产业项目的投资落地，吸引从事文化产业项目的高端人才集聚以及文化产业打造品牌、提升附加值。

53. 文化产业的发展情况怎样

2002 年，党的十六大首次区分了"文化事业"和"文化产业"，为随后的文化体制改革确立了方向：面向市场、面向群众。十年来，在坚持"一手抓公益性文化事业，一手抓经营性文化产业"的改革目标和路径指引下，我国公共文化服务体系建设迈上了新台阶，"文化民生"风生水起，文化生产力被激活，国家文化软实力不断增强。文化产业在我国进入了快速成长时期，向着成为国民经济支柱性产业目标，实现了跨越式发展。

2011 年召开的十七届六中全会，更是首次以中央全会的形式专题研究文化改革发展这一主题，并为此专门做出决定，第一次明确提出了坚持中国特色社会主义文化发展道路、建设社会主义文化强国的目标和任务，标志着文化改革发展进入了一个全新阶段。

文化改革打破了体制和旧观念束缚，让文化市场呈现出一片繁荣景象。文化产业实力壮大，文化产品的品种、样式、数量迅速增加，精品力作大量涌现。新兴文化产业和特色文化产业得到快速发展，文化产业对国民经济增长的贡献率不断上升，日益成为新的经济增长点。

影视生产：中国已成为世界第三大电影生产国和第一大电视剧生产国。

图书出版：我国图书出版品种和总印数居世界第一，日报总发行量居世界第一，电子出版物总量居世界第二位。

新兴业态：国产动画生产呈几何式增长，网络文学拥有作者以百万计，用户数以亿计，超过网上电子商务用户。

中国文化产品在国际市场份额进一步扩大，中华文化的国际影响不断扩大。

54. 怎样发展文化产业

中央多次强调发展文化产业的重大意义，并明确提出：要构建现代文化产业体系。"仓廪实而知礼节，衣食足而知荣辱"。国际经验表明，人均国内生产总值 1000 至 3000 美元是文化消费活跃、消费结构提升的阶段；人均国内生产总值达到 3000 美元以上是文化消费迅速增长，而物质消费比重逐步趋缓的阶段。2019 年起，我国人均国内生产总值超万美元，早已迈过消费结构转换的节点，人民精神文化需求大幅度增长。现有文化产品和服务供给不足，缺口很大。如何发挥文化产品的内容消费、娱乐和休闲功能，为社会提供更多喜闻乐见的网

络、影视、演出、音乐、美术、动漫游戏、图书、娱乐、节庆活动、休闲旅游、体育健身等文化产品和服务，大幅增加文化产品和服务的供给，把公民潜在的文化消费需求转化为现实的文化生产力，推动内需增长，推动经济增长，已成为我省发展文化产业的重要课题。

发展文化产业是实现经济社会转型的现实要求。1990年，西方著名经济学家玻特提出了经济发展四阶段论。这四个阶段分别是：要素驱动阶段、投资驱动阶段、创新驱动阶段和财富驱动阶段。要素驱动阶段：经济发展的主要驱动力来自廉价劳动力、土地、矿产等资源；投资驱动阶段：以大规模投资和大规模生产来驱动经济发展；创新驱动阶段：以技术创新为经济发展的主要驱动力；财富驱动阶段：追求人的个性的全面发展、追求文学艺术、体育保健、休闲旅游等等生活享受，成为经济发展的新的主动力。从以上可以看出，所谓创新驱动阶段，就是以知识产业为经济主产业的阶段，知识创新为经济发展主动力的阶段，也即今天人们常说的知识经济的阶段。而知识经济之后的财富驱动阶段，意味着第三产业将进一步分化，其中的创意产业、精神产业和内容产业将逐步成为经济中的主产业。这就决定了在产业选择方面，应当把文化产业作为调整和优化经济结构、推动经济发展方式转变，实现社会经济可持续发展的战略性新兴产业，在产业政策上给予重点扶持，推动资源节约型、环境友好型的和谐社会建设，实现经济社会又好又快发展。

（1）树立"挑商选资"理念，把好文化产业落地的生态条件关。

（2）突破现有政策局限，引进文化产业领军式人才。

（3）继续深化文化体制改革，诸部门通力协作共同推动文化产业发展。

（4）跟踪总结厦门经验，发展高端文化产业与建设生态园林城市互动推进。

（5）跟踪总结德化经验，"文化兴瓷"与生态经济高度结合，提升县域竞争力。

（6）跟踪借鉴台湾经验，发展高端文化产业推进海西生态城市建设。

（7）生产性文化企业要坚决出城进园，净化环境生态。

（8）加快文化科技化和科技文化化的高端融合。

（9）进一步完善现代文化市场体系。

（10）培育骨干文化企业。增强我国文化产业的整体实力和国际竞争力。

55. "水域生态"的定义是什么

水质净化程度及水域中栖居的生物与其环境间的关系。

我们所指的"水域"，包括：江、河、湖、溪、库、海、雨和地下水（含温泉）。因此，所谓的"水域生态"，也就泛指江、河、湖、溪、库、海、雨和地下水的生态。

56. 水域生态的发展情况怎样

党的十八大以来，随着顶层设计的不断完善，随着五大发展理念的不断深入人心并转化成实际行动，中国水域生态治理水平还是令人称羡的。比如发端于福建的"河长制"正在全国推广，并开始向"河湖长治"方向推进；水质净化率逐年提升；污水处理能力逐年提高，推出一批有效的水域生态治理法规和制度，涌现出很多可复制的典型经验和可资借鉴的典型案例；而且还推出一系列节约用水方案，促使生态环境用水能够得到基本保障，有关部门设定了国家用水的

"天花板"，到 2030 年，全国水资源开发利用的上限是 7000 亿立方米，我国总体的水资源开发利用率是 28%，有 72% 的水要保留在江河和湖泊里，这部分水是水生态建设的基本水量。

毋庸讳言，问题仍然很多，解决起来难度很大。我国城市水环境面临着水资源短缺、水体污染严重和洪涝灾害频仍的多重压力。水体污染加剧了水资源短缺，水生态环境破坏又加剧了洪涝灾害频发。而且存在污水处理设施建设区域分布不均衡、配套管网建设滞后、老旧管网渗透严重、重建设轻管理等突出问题。据了解，我国目前七大水系、主要湖泊、近岸海域和地下水均受到不同程度的污染，河流以有机污染为主，主要污染物是氨氮，生化需氧量、高锰酸盐指数和挥发酚等；湖泊以富营养化为特征，主要污染指标为总磷、总氮、生化需氧量、高锰酸盐指数等；近海海域主要为无机氮、活性磷酸盐和重金属。水环境问题的产生有多重原因，但以人类主观影响因素为主。工业发展中，水消耗量大，利用率低，单位产值污水排放量高居不下，万元产值用水量各地差距悬殊。黑龙江、内蒙古、江西、甘肃、青海、宁夏、新疆等地多在全国平均水平倍数以上。重点流域的水污染治理进展缓慢，城市生活污水量不断增加，但污水处理设施建设严重滞后。全国每年排放污水 360 亿吨，相当一部分未经处理就直接排入江河湖海，全国 9.5 万千米河川，有 1.9 万千米受到污染，86% 的城市河流受到污染，水体污染造成巨大经济损失。

随着城市化进程的推进，工业化废液废气的污染，沿江河修建公路与桥梁，在江河上修堤筑坝而无保护水生生物措施，非法的电、毒、炸、捕作业等，严重地恶化了水域生态环境。据国际权威机构调查统计，在近 400 年中，仅记录在案的就有 120 种兽类、250 种鸟类和 310 种鱼类永远消失。在我国，目前至少有 398 种动物处于濒危状态，其中包括国家一级重点保护水生野生动物中华鲟、白鲟、达氏鲟等。水域生态环境治理极为重要。

庆幸的是，习近平总书记对水域生态治理做出了擘画。

2016 年 1 月 5 日，习近平总书记在重庆召开推动长江经济带发展座谈会上强调，推动长江经济带发展必须从中华民族长远利益考虑，走生态优先、绿色发展之路，使绿水青山产生巨大生态效益、经济效益、社会效益，使母亲河永葆生机活力。

2018 年 4 月 26 日，在武汉主持召开深入推动长江经济带发展座谈会时强调，"长江病了"，而且病得还不轻。治好"长江病"，要科学运用中医整体观，追根溯源、诊断病因、找准病根、分类施策、系统治疗。这要作为长江经济带共抓大保护、不搞大开发的先手棋。

2019 年 9 月 19 日在河南主持召开黄河流域生态保护和高质量发展座谈会时强调：治理黄河，重在保护，要在治理。要坚持山水林田湖草综合治理、系统治理、源头治理，统筹推进各项工作，加强协同配合，推动黄河流域高质量发展。要坚持绿水青山就是金山银山的理念，坚持生态优先、绿色发展，以水而定、量水而行，因地制宜、分类施策，上下游、干支流、左右岸统筹谋划，共同抓好大保护，协同推进大治理，着力加强生态保护治理、保障黄河长治久安、促进全流域高质量发展、改善人民群众生活、保护传承弘扬黄河文化，让黄河成为造福人民的幸福河。

我们有理由相信，中国水域生态治理进入了加速期。

57. 怎样发展水域生态

（1）治理水土流失，保护和恢复中上游的水源林。

（2）建设适量的水资源调蓄工程。

（3）保护水域周边的树草植被。

（4）加强环境保护，减少水污染。

（5）科学规划和合理兴建水坝。

（6）进一步完善水域生态发展政策，健全上下游补偿机制。

（7）"七水共治"推进生态城市建设迈向更高水平。

水域生态治理是生态城市建设的基本要素之一，是市民的生态红利获得感最直观的感受之一，也是最考验城市决策者的生态治理能力的领域之一。我们期望在生态城市建设中，各个城市领导者能真正做到"七水共治"，确保饮用水系统净化和节约、确保城市地下水净化和节约、确保城市雨水充分收集利用、确保城市内河净化美化、确保污水处理系统有效运转、确保城市湿地净化美化、确保滨海城市近海海域净化。

58. 如何确保饮用水系统净化和节约

国务院《水污染防治行动计划》（"水十条"）中的主要约束性指标之一是：地级及以上城市集中式饮用水水源水质达到或优于Ⅲ类比例总体高于93%。饮用水净化，是水域生态治理最主要也是最基本的任务，饮用水保护不当，直接影响市民健康，直接加剧市民的生态红利挫折感，任何一位城市决策者都应把饮用水保护作为水域生态治理的首要任务来抓。但随着城镇化水平不断提高，水源污染趋势加重、供水设施老化等问题日益凸显，饮用水安全形势不容乐观。要保证饮用水安全，真正让市民喝上干净、安全的"放心水"，应做好五方面的工作：一是做好饮用水水源地保护，二是加强流域管理，三是完善二次供水设施建管体系，四是完善小区饮用水官网设施维护，五是教育宣传鼓励饮用水节约使用。

提倡分质供水系统，就是以自来水为原水，把生活用水和饮用水分开。目前这种系统在上海等城市已试行。自来水中用于饮用水部分仅占自来水的 2% 至 5%，其余均为生活、绿化、消防、工业等非饮用水。在公共场合普设直饮水设施以及居民住宅分质供水可以实现环保、无二次污染，是生态城市建设的一个有力实践，也将是社会发展的必然趋势。管道直饮水系统在美国、日本、新加坡等国早已普遍应用，国内如昆山、上海、沈阳、涟源、广州、包头等市也已实施并得到良好的反响。厦门也在推广，效果很好。

59. 如何确保城市地下水净化和节约

（1）预防为主，加强管理。地下水污染的防治首先应立足于"防"，这是由地下水污染的特殊性所决定的，地下水污染一般不容易发觉。对于地下水水质的监测，受观测井孔或民用井孔分布的限制，只有当污染物到达井孔时污染才有可能被发现，而此时污染已经持续很长时间，污染范围已经相当大了。这种教训，国内外屡见不鲜。地下水污染的治理一般比地表水污染的治理更困难，因为它涉及受污染土壤及含水层的治理和恢复。因此，在地下水环境保护工作中要坚持以防为主的方针，宁可在预防上投入足够的人力、物力，不要等污染发生后付出更大代价去治理。

地下水与大气降水及地表水是相互联系、互相影响的，在用水量日益增大的情况下，往往既要利用地表水，又要利用地下水。根据各国的先进经验，必须对包括地下水在内的整个水资源进行统一规划、调度与管理。各级政府的水资源保护管理职能部门要加大监督管理力度，严格执行国家有关法律法规和规定，按地下含水系统（地下水盆地、地下水系统）评价资源，从水量及水质两方面保护地下水资源。

（2）加强供水水源地保护。保护作为供水水源的地下水免受污

染，是一项十分重要的工作。进行城市规划时，应将可能形成污染源的居民点、厂矿企业布置在远离含水层补给区的下游方向。显然，只有对本区地下水的补给、排泄与径流建立足够清晰的概念，布局才能得当。对于供水水源则应建立地下水源保护区。分一级、二级和准保护区。饮用水地下水源一级保护区位于开采井的周围，其作用是保证集水有一定的滞后时间，以防止一般病原菌的污染。二级保护区位于一级保护区外，保证集水有足够的时间，防止病原菌以外的其他污染。准保护区位于二级保护区外的主要补给区，其作用是保护水源地的补给水源水量和水质。在任何情况下，都必须对供水水源及其外围的地下水水质进行严密的监测。

（3）综合防治地下水污染。鉴于地下水污染的治理相当困难，防治工作的重点是控制污染源，有效地切断污染物进入地下水的途径。合理适当地施用氮肥，使所施氮肥既能满足作物生长需要，又不过量，是减少农耕区地下水硝酸盐污染的重要措施。目前，有的国家正在尝试秋播前测定土壤中氮的含量，据此决定氮肥施用量；有的在氮肥中添加硝化阻滞剂，减缓有机氮肥矿化速率，使无机氮逐渐释放，提高作物对氮的利用率。实施节水灌溉，减少每次灌溉水量，也是减少氮的流失的重要措施。

对于石油及石油化工产品的污染应采用水动力学方法，通过抽水井或注水井控制流场，可以防止石油化工产品污染的进一步扩大，同时对抽取出来的受污染的地下水进行处理。受污染的土壤和含水层的处理难度很大，向土壤注入压缩空气，可去除污染物中的挥发性成分。采用就地生物处理方法是一种很有应用前景的治理措施，它可以比较彻底地去除污染，国内外都在进行研究。如果受污染的土壤和含水层范围不大，也可以将其挖除或采取截流工程措施将其封闭。石油和石油化工产品对地下水污染的治理费用很高，而且极其复杂，因此更应当以预防为主。例如，禁止在水源地保护区设置油库、加油站，对油库、加油站和输油管线采取严格的防渗漏措施等等。要大力开展科学研究，加强对水文地质过程的机制研究和污染治理技术研究，推动地下水资源保护向严密的定量科学发展。

（4）开展地下水环境脆弱性调查评价及编制评价图册。欧洲、北美和澳大利亚等地区，在地下水污染防治工作中，已经从以污染治理为重点转变为以防止污染为重点，其中采取的一个重要措施是进行地下水环境脆弱性评价，并编制评价图册，这种方法值得我国借鉴。

脆弱性调查评价可以为决策、管理人员和规划、设计人员提供有关地区地下水环境的条件，指导工程选址、选线。例如，当工程选择在地下水环境脆弱性较高的地区时，就应当对场地条件作进一步详细的勘测，采取严格、可靠的污染防范措施，或者重新选择建设地点。

地下水环境脆弱性调查评价，也将对地下水水质监测起指导作用。对于脆弱性高的地区，可以加强监测，这样使得监测网的布设更为科学和合理，避免人力、物力的分散和浪费。

（5）建设地下水环境管理示范区。选择少数地区，作为地下水环境管理示范区进行长期的建设。示范区的建设应当是综合性的，包括建设完善的水量、水质监测网，点污染源的调查、评价和控制，面污染源的调查、评价和控制，地下水环境脆弱性调查、评价和脆弱性图，水量水质的统一管理措施和法规的实施等等。

地下水作为水文生态循环系统中一个不可缺少的部分，对生命的维持和社会的发展发挥重要的作用，保护地下水，已成为保护人类生存环境的重要内容。

60. 如何确保城市雨水充分收集利用

海绵城市，是新一代雨洪管理概念，让城市在适应环境变化和应对雨水带来的自然灾害等方面具有良好的"弹性"，可以有效削减城市径流污染负荷、节约水资源、保护和改善城市生态环境。2012 年 4 月，在《2012 低碳城市与区域发展科技论坛》中，"海绵城市"概念首次提出。之后，中央城镇化工作会议提出："提升城市排水系统时要优先考虑把有限的雨水留下来，优先考虑更多利用自然力量排水，建设自然存积、自然渗透、自然净化的海绵城市"。海绵城市技术选择繁多，共分为"渗、滞、蓄、净、用、排"六大类。

数据显示，全国 200 多座中型城市中有三分之二"逢雨必涝，遇晴易旱"。"逢雨必涝"的原因主要是：防洪排涝系统规划设计不完善，城市排水系统设计标准不合理，城市规划建设长期忽视洪水削减与雨水利用，城市防内涝机制不完善。"建设自然积存、自然渗透、自然净化的海绵城市"即成综合防洪减灾之策。推进海绵城市建设，应避免政绩化的冲动。海绵城市建设的成效如何，关键看分布于城市各处的雨水收集设施能否有效运作，发挥协同作用。所以，只在城市局部区域打造"样板"没有多大意义。这对基础设施底子薄弱或城市规划过于粗放的地方，更是一个严峻的挑战。

2015 年起，住房城乡建设部与财政部启动 16 个海绵城市建设试点，中央财政连续三年为"海绵城市"建设试点提供资金支持。福州和厦门成功入选全国试点城市。

厦门 2015 至 2017 年试点区计划实施海绵城市建设面积 35.4 平方公里，建设项目 240 个。目前，已重点推进已建区工厂企业海绵改造、村庄海绵改造、新阳主排洪渠水环境综合整治、海沧万科城片区、新建区公园水系海绵城市建设。完成了新景路（阳光路至翁角路）海绵城市改造工程、海沧中学海绵城市改造工程、鼓锣公园海绵城市建设等示范项目。结合台风灾后重建、和迎接金砖会晤契机，厦门全面开展海绵城市建设，以大型湾区等生态敏感区为核心，厦门全市6个区共150平方千米都部署了海绵城市建设要求，启动82个老旧小区结合海绵城市改造项目，推进环岛路带状公园、杏林湾湿地公园、海沧内湖片区、美峰生态公园、西山公园、东西溪城区慢行道系统等区域开展海绵城市建设。城市透水路已经运用到市政诸多领域，包括自行车道、景观道、公园路面、停车场、树池等。

国务院"水十条"把节水目标任务完成情况纳入地方政府政绩考核，将再生水、雨水和微咸水等非常规水源纳入水资源统一配置，仅从此角度看，海绵城市建设也绝不能忽视。

61. 如何确保城市内河净化美化

英国的泰晤士河受到周边大型污水处理厂的影响，水质变化大，同时受沿岸许多城市共14座发电站排放的冷却水造成的热污染；流经欧洲七国众多城市的莱茵河，沿岸有6个世界著名的工业基地，产生大量含耗氧物质，重金属、有毒污染物的污水直排入河；法国的塞纳河沿岸有9座城市，法国40%的工业都集中于此，也曾污染严重，生态系统全面崩溃，原有的32种鱼类或仅存两三种。经过严格治理，三条河流生态修复状态很好。其共同的经验是：必须制定全面的治理规划，必须要有明确的治理目标，必须建立有效的资金和技术保障机制，必须建立完善的流域管理体制。欧洲经验很值得我们借鉴。

城市内河整治主要包括：截污水、去固废、净化水质，旧屋改造、增加绿植、改善沿河人居环境、美化周边景观。福州内河总长度

240 多千米，分为六大水系，共计 107 条内河，有"东方威尼斯"之美称。但曾几何时，内河污染严重，路人经过而掩鼻，令人不堪。现在情况有了极大改善，而且在继续改善中。我们由衷希望这种改善的力度持续增加，让市民引以为傲。

在全国首倡"河长制"的福建省，正逐步深入水域管理思路，健全长效机制，推出了从"河长制"到"河长治"的诸多政策，继续领跑全国。

62. 如何确保污水处理系统有效运转

国务院水污染防治行动计划提出，到 2030 年，力争全国水环境质量总体改善，水生态系统功能初步恢复。到 21 世纪中叶，生态环境质量全面改善，生态系统实现良性循环。

到 2030 年，全国七大重点流域水质优良比例总体达 75% 以上，城市建成区黑臭水体总体得到消除，城市集中式饮用水水源水质达到或优于Ⅲ类比例总体为 95% 左右。

近年来，污水处理工作全面展开，成效喜人，出现了很多典型案例。如南安华源电镀产业集控区、厦门花园式分布污水处理站、蓝保（厦门）水处理科技有限公司等。

63. 如何确保城市湿地净化美化

湿地是指天然或人工的、永久性或暂时性的沼泽地、泥炭地和水域，蓄有静止或流动、淡水或咸水水体，包括低潮时水深浅于 6 米的海水区。沼泽、泥炭地、湿草甸、湖泊、河流、滞蓄洪区、河口三角洲、滩涂、水库、池塘、水稻田以及低潮时水深浅于 6 米的海域地带均属于湿地范畴。湿地是极其重要的生态系统，通常与森林、海洋并称为全球三大生态系统，被誉为"地球之肾""淡水之源""气候调节器""生物基因库"和"生命的摇篮"。同时，湿地还为人类的生产、生活提供多种资源，是最重要的生命支持系统之一，并孕育了源远流长的生态文化。国际社会已把湿地保护工作作为衡量一个国家和地区自然环境和谐程度、社会文明进步水平的一个重要标志。作为生态安全的一道重要防线，保护湿地、保护生物多样性是全社会义不容辞的任务。湿地保护应加强立法，应善用法律手段保护湿地，尤其要划定湿地红线，将重要湿地生态功能区、湿地生态敏感区和湿地生态脆弱区确定为重点管控区域，实施严格分类管控的红线制度。

获评"中国十大魅力湿地"的福州闽江河口湿地，位于闽江入海口，总面积 2100 公顷。闽江河口湿地水鸟资源丰富，达 152 种，常年栖息和越冬的水鸟超过 5 万只，是迁徙水鸟重要驿站地、越冬地和燕鸥类的重要繁殖区。这里分布有众多珍稀濒危物种，有世界自然保护联盟保护动物 21 种、国家重点保护野生动物 54 种。被称为"神话之鸟"的黑嘴端凤头燕鸥，近年来频频出现在闽江河口湿地。该湿地的成功保护，为福州的生态城市建设，提供了重要保障。

但据了解，守护湿地面积 8 亿亩的"红线"，困难很大。围垦和基建占用是导致湿地面积大幅减少的两个最关键因素。主要问题在于，多头治理形成"九龙治水"的格局。此外，相关法律法规也存在漏洞。要让湿地保护摆脱当前的困局，就需要从责任、法律和机制上多管齐下，坚持全国一盘棋，地方负总责的原则，将湿地保护纳入整体规划之中，并实施最严厉的问责制，让保护责任主体充分发挥应有的作用。在监管的手段上，也应做到科学化与合理化。例如，效仿耕地保护的原则，建立湿地分级分类分区管控机制，坚持占补平衡、总量控制、守住红线和不越底线的原则，给湿地筑好一道防火墙。

64. 如何确保滨海城市近海海域净化

要确保滨海城市近海海域净化，就要推动落实海湾、海岸、海滩、海水、海岛这"五海"的资源保护。禁止新增以围海的方式进行滩涂养殖，严格控制利用现有盐田、滩涂和滨海湿地进行围填造地；对部分造成海洋生态环境恶化的滩涂养殖、盐田实施退滩还海、退盐还海。推行岸线资源集约利用制度，除关系国计民生大型项目和重大基础设施项目外，岸线资源不允许其他私人和单个项目占用，确保自然岸线保留一定比例。实施沙滩红线管控制度。设置红线管控区域，保证岸线向陆域一侧至少200米范围内禁止开展可能改变或影响沙滩自然属性的开发建设活动。对于占用沙滩使其遭受破坏的养殖、营利性开发建设的项目进行清理，使之尽快恢复原状，从重从严查处非法采砂行为；推进"退养还林""退菜还林""退果还林"进程。严禁在不可行围填海区域进行围填海；从严控制占用湾内海域进行工业、房地产等项目开发。湾内养殖用海规模只减不增。严格按照海洋功能区划、养殖规划所确定的养殖区域，实施对养殖证制度进行管控，对湾内的网箱养殖、浅海吊养等养殖方式分期实施养殖退养，并鼓励推行科学养殖、离岸养殖、立体养殖。

65. 什么是"生态资源审判机制"

生态资源审判机制是相对于现有的林业审判机制而言的。生态资源的存在载体包括陆地、海洋、空气等资源，虽然生态资源的主要存在载体是陆地，而林业资源又是陆地生态资源的主要组成部分，但是其毕竟不能代表全部。建立"生态资源审判机制"解决了分布于海洋、空气等生态资源出现问题时的法律行为的合法性和全面性。

66. 怎样健全生态资源审判机制

（1）对所有的法律审判机构进行调整，改"林业庭审判庭"为"生态资源审判庭"。

（2）对现有的林业庭审判法律工作人员进行全面的生态资源知识普及教育培训，使之知识结构和能力尽快适应生态资源审判机制的需要。

（3）建立健全适应于生态资源审判机制的法院内部工作制度，修改或废除不适应于生态资源审判机制的旧制度。

（4）对已建立生态审判机制并开展生态审判工作实践的好经验、好做法及时总结推广，以使其他审判机构尽快适应生态审判实践。

67. "生态功能区"的定义是什么

生态功能区是指具有特定生态环境并能发挥一定生态功能的地理区域。适用于气候条件适宜，但山势陡峭或深山、远山、交通不便和劳动力缺乏的地区。

68. 生态功能区的发展情况怎样

国务院 2000 年颁布的《全国生态环境保护纲要》要求国务院和省级以上人民政府开展生态功能区划，指导自然资源开发和产业合理布局，推动经济社会与生态环境保护协调、健康发展。2000 年 8 月，在国务院西部开发办公室和原国家环境保护总局联合领导下，全国性

的生态功能区划正式启动，并首先从西部地区开始。2002年9月，西部开发办公室和原国家环保总局发布《生态功能区划暂行规程》，并正式实施。2002年10月，西部地区各省完成制定区划方案。2004年6月，随着西部地区和中东部地区各省全面完成省级生态功能区划，全国生态功能区划总技术组于同年9月完成全国生态功能区划（草案），同年11月，全国生态功能区划总技术组完成区划的修改，经原国家环境保护总局验收合格后，再次分割送有关省、自治区、直辖市。各省的生态功能区划最终要求报省人民政府批准实施。

69. 怎样建设生态功能区

首先要确定5项原则：（1）设生态功能区是有关土地、水和生物资源综合管理的策略，目的是采用一种公平的方法促进其保护和可持续利用；（2）建设生态功能区是建立在合理的科技方法基础上的，考虑并承认人类及其文化多样性是构成生态系统的重要组成部分；（3）建设生态功能区对结构、程序、功能和相互作用的关注是符合生物多样性公约关于"生态系统"的定义和逻辑的；（4）建设生态功能区要求采用合适的管理手段来处理有关生态系统的复杂和动态性问题，并能应对诸如人类对生态系统功能认知存在不充分这样的问题；（5）建设生态功能区并不排斥其他的管理和保持方法，例如生物圈保护、保护区等。

其次要做好区划：（1）明确区域生态系统类型的结构与过程及其空间分布特征；（2）明确区域主要生态环境问题、成因及其空间分布特征，评价不同生态系统类型的生态服务功能及其对区域社会经济发展的作用；（3）明确区域生态环境敏感性的分布特点与生态环境高敏感区；（4）提出生态功能区划，明确各功能区的生态环境与社会经济功能。

再次要切实组织实施：（1）各级领导干部要将其列入重要议事日程，组织强有力的工作班子开展工作；（2）要认真落实区划要求，不减料、不走样；（3）要及时跟踪生态功能区发展动态，及时总结经验，推广经验，及时发现问题，解决问题；（4）要保障生态功能区的建设资金落实到位，不扣减、不挪用。

70. 什么是"零碳社区"

零碳社区旨在通过在城市社区内发展低碳经济，创新低碳技术，改变生活方式，最大限度减少城市的温室气体排放，彻底摆脱以往大量生产、大量消费和大量废弃的运行模式，形成结构优化、循环利用、节能高效的物质循环体系，形成健康、节约、低碳的生活方式和消费模式，最终实现城市社区零能量消耗、零需水量及零排放等多项指标，实现城市社区的清洁发展、高效发展和可持续发展。

71. 怎样发展零碳社区

（1）建设成本低廉的示范建筑。在建造过程中可以通过"就近取材"和大量使用回收建材来大幅度降低成本，并节约能源。

（2）采用零能耗的采暖系统。通过有效措施减少建筑热损失及充分利用太阳热能，以实现不用传统采暖系统的目标。如各建筑物紧凑相邻，以减少建筑的总散热面积；建筑墙壁的厚度超过50厘米，中间还有一层隔热夹层防止热量流失；窗户选用内充氩气的三层玻璃窗，窗框采用木材以减少热传导等。住宅采用朝阳的玻璃房设计，可以最大限度地吸收阳光带来的热量。而且房屋使用可积蓄热能的材质

建造，温度过高时，房屋即可自动储存热能，甚至可以保留每个家庭煮饭时所产生的热量，等到温度降低时再自动释放，以此减少暖气的使用。同时，社区建筑的屋顶还种植大量的景天科植物，以达到自然调节室内温度的效果。冬日，景天科植物就是防止室内热量流失的绿色屏障；夏天，这些隔热降温的绿色屏障上还会开满鲜花。

（3）零排放的能源供应系统。仿英国贝丁顿零碳社区，采用热电联产系统为社区居民提供生活用电和热水。热电联产发电站使用木材废弃物发电。首先，碎木材片从储藏区自动流入干燥机，然后再从干燥机进入气体发生器。在受限空气流里加热后，通过气化过程转化为含有氢、一氧化碳和甲烷的可燃气体。

（4）采用循环利用的节水系统。区建立独立完善的污水处理系统和雨水收集系统。生活废水被送到小区内的生物污水处理系统净化处理，部分处理过的中水和收集的雨水被储存后用于冲洗马桶。其后，这些水进行净化处理。

（5）建立绿色出行模式。市区建有良好的公共交通网络，方便社区居民出行。同时可以建造宽敞的自行车库、电动车库和自行车道、电动车道。

72. 什么是"低碳生活"

低碳生活是指生活作息时所耗用的能量要尽力减少，减低碳，特别是二氧化碳的排放量，从而减少对大气的污染，减缓生态恶化。主要是从节电、节气和回收三个环节来改变生活细节。在衣、食、住、行四方面自觉减少碳排放。

73. 低碳生活包括哪些内容

（1）衣——首先，少买不必要的衣服；其次，减少住宿宾馆时的床单换洗次数；再次，采用节能方式洗衣，如每月手洗一次衣服，每年少用 1 千克洗衣粉，选用节能洗衣机。

（2）食——减少粮食浪费；其次，减少畜产品浪费；再次，饮酒适量，如夏季每月少喝一瓶啤酒，每年少喝 0.5 千克白酒，减少吸烟。

（3）住——节能装修，如减少装修铝材使用量，减少装修钢材使用量，减少装修木材使用量，减少建筑陶瓷使用量。第二，农村住宅使用节能砖。与黏土砖相比，节能砖具有节土、节能等优点，是优越的新型建筑材料。在农村推广使用节能砖，具有广阔的节能减排前景。第三，合理使用空调，如夏季空调温度在国家提倡的基础上调高 1℃，选用节能空调，出门提前几分钟关空调。第四，合理使用电风扇。第五，合理采暖。第六，农村住宅使用太阳能供电。第七，采用节能的家庭照明方式，如家庭照明改用节能灯，在家随手关灯。第八，采用节能的公共照明方式，如增加公共场所的自然采光，公共照明采用半导体灯。

（4）行——第一，每月少开一天车；第二，以节能方式出行 200 千米，或步行，或骑车，或乘公交车；第三，选购小排量汽车；第四，选购混合动力汽车；第五，科学用车，注意保养。

74. 怎样推动低碳生活发展

（1）强化低碳生活的宣传教育，增强全民生态意识。首先，增强

领导干部的低碳生活和生态环保意识，把推动低碳生活发展列入领导干部政绩考评内容，促进领导干部真正转变思想理念。其次，要增强企业生态保护责任意识，促使企业生产符合低碳生活要求的产品。第三，提高全民生态保护和低碳生活意识，引导全民加入低碳生活的行列。

（2）提高企业生产过程和生产产品的环保标准，使高能耗、高排放的产品退出市场。

（3）政府对民众采购低能耗、低排放的低碳产品进行政策补贴，鼓励民众购买低碳产品。

（4）加强低碳生活具体方式方法的宣传教育，鼓励民众从生活细节做起，实现低碳生活目标。如多开展低碳生活进社区、进校园、进企业的活动。

75. 什么是"有机食品"

有机食品是目前国标上对无污染天然食品比较统一的提法。有机食品通常来自有机农业生产体系，根据国际有机农业生产要求和相应的标准生产加工的，并通过国家有机食品认证机构认证的一切农副产品及其加工品，包括粮食、红枣、菌类、蔬菜、水果、奶制品、禽畜产品、蜂蜜、水产品、调料等。这里的有机农业生产体系是指在动植物生产过程中不使用化学合成的农药、化肥、生产调节剂、饲料添加剂等物质，以及基因工程生物及其产物，而是遵循自然规律和生态学原理，采取一系列可持续发展的农业技术，协调种植业和养殖业的平衡，维持农业生态系统持续稳定的一种农业生产方式。

76. "有机食品"与"绿色食品"的区别是什么

绿色食品是指产自优良生态环境、按照绿色食品标准生产、实行全程质量控制并获得绿色食品标志使用权的安全、优质食用农产品及相关产品，是我国农业部门（中国绿色食品发展中心）推广的认证食品，分为A级和AA级两种。其中A级绿色食品生产中允许限量使用化学合成的农药和化肥，AA级绿色食品则较为严格地要求在生产过程中不使用化学合成的肥料、农药、兽药、饲料添加剂、食品添加剂和其他有害于环境和健康的物质。

有机食品与绿色食品的区别主要有三个方面：第一，有机食品在生产加工过程中绝对禁止使用农药、化肥、激素等人工合成物质，并且不允许使用基因工程技术。绿色食品则允许有限使用，并且不禁止使用基因工程技术。第二，有机食品在土地生产转型方面有严格规定。考虑到某物质在环境中会残留相当一段时间，土地从生产其他食品到生产有机食品需要两到三年的转换期，而生产绿色食品则没有转换期的要求。第三，有机食品在数量上进行严格控制，要求定地块、定产量，生产绿色食品则没有如此严格的要求。有机食品和绿色食品这两类食品像一个金字塔，塔基是绿色食品，塔尖是有机食品，越往上要求越严格。

77. 人体皮肤最喜欢的十种食物是哪些

（1）西兰花——它含有丰富的维生素A、维生素C和胡萝卜素，能增强皮肤的抗损伤能力，有助于保持皮肤弹性。

（2）胡萝卜——胡萝卜素有助于维持皮肤细胞组织的正常机能、

减少皮肤皱纹，保持皮肤润泽细嫩。

（3）牛奶——它是皮肤在晚上最喜爱的食物，能改善皮肤细胞活性，有延缓皮肤衰老、增强皮肤张力、消除小皱纹等功效。

（4）大豆——其中含有丰富的维生素E，不仅能破坏自由基的化学活性、抑制皮肤衰老，还能防止色素沉着。

（5）猕猴桃——富含维生素C，可干扰黑色素生成，并有助于消除皮肤上的雀斑。

（6）西红柿——含有番茄红素，有助于展平皱纹，使皮肤细嫩光滑。常吃西红柿还不易出现黑眼圈，且不易被晒伤。

（7）蜂蜜——含有大量易被人体吸收的氨基酸、维生素及糖类，常吃可使皮肤红润细嫩、有光泽。

（8）肉皮——富含胶原蛋白和弹性蛋白，能使细胞变得丰满，减少皱纹、增强皮肤弹性。

（9）三文鱼——其中的欧米伽-3脂肪酸能消除一种破坏皮肤胶原和保湿因子的生物活性物质，防止皱纹产生，避免皮肤变得粗糙。

（10）海带——它含有丰富的矿物质，常吃能够调节血液中的酸碱度，防止皮肤过多分泌油脂。

78. 世界卫生组织推荐的六种健康食品是哪些

（1）最佳水果：依次是木瓜、草莓、橘子、柑子、猕猴桃、杧果、杏、柿子和西瓜。

（2）最佳蔬菜：红薯既含丰富维生素（维生素食品），又是抗癌能手，为所有蔬菜之首。其次是芦笋、卷心菜、花椰菜、芹菜、茄子、甜菜、胡萝卜、荠菜、苤蓝菜、金针菇、雪里蕻、大白菜。

（3）最佳肉食：鹅鸭肉化学结构接近橄榄油（油食品），有益于心脏。鸡肉则被称为"蛋白质（蛋白质食品）的最佳来源"。

（4）最佳护脑食物：菠菜、韭菜、南瓜、葱、椰菜、菜椒、豌豆、番茄、胡萝卜、小青菜、蒜苗、芹菜等蔬菜，核桃、花生、开心果、腰果、松子、杏仁、大豆等壳类食物以及糙米饭、猪肝等。

（5）最佳汤食：鸡汤最优，特别是母鸡汤还有防治感冒、支气管炎的作用，尤其适于冬春季饮用。

（6）最佳食油：玉米油、米糠油、芝麻油等尤佳，植物油与动物油按1∶0.5的比例调配食用更好。

79. 世界卫生组织评定的十大垃圾食品是哪些

油炸食品、腌制食品和加工类的肉食品加重身体负担；饼干、方便面、碳酸饮料等方便食品对人体的肝脏影响很大；烧烤毒性等同吸烟；罐头、果脯和冰激凌不宜常吃。

80. 什么是"厨余"

厨余是有机垃圾的一种，包括剩菜、剩饭、菜叶、果皮、蛋壳、茶渣、骨、贝壳等，泛指家庭生活饮食中所需用的来源生料及成品（熟食）或残留物。

81. 怎样正确处理厨余

（1）政府层面。第一，可以效仿英国，利用厨余垃圾发电。建立封闭式的厨余垃圾发电厂，利用厨余垃圾进行发电。第二，把厨余垃圾集中起来，堆肥发酵，最终成为有机肥料。第三，对厨余垃圾进行

分类，根据不同的类别对厨余垃圾进行分类处理。对于居民的垃圾，要求将其分类为生活垃圾和厨余垃圾，并且分别投入不同的垃圾箱中。对不按照要求分类垃圾者进行处罚。对于餐饮行业，要求餐饮业从业者对厨余垃圾进行强制分类，分为无害、中性、危险三个级别。第四，鼓励厨余垃圾处理技术的研发，使用高科技将厨余垃圾变废为宝。

（2）居民层面。居民可以使用简便的厨余处理方法，利用厨余自制有机肥料。下面介绍一种自制有机肥料的方法。第一步，在一般的塑料桶底部打洞，制成简易的有机堆肥桶。第二步，找一些土壤（黏土除外），在桶底铺上六七厘米高的土。第三步，将厨余垃圾的水分沥干后平铺在桶里。第四步，在厨余上再铺土压实，避免臭味溢出。第五步，如前几个步骤，一层土一层厨余。注意堆肥桶一定要加盖并且用重物将桶盖压紧，不可让空气进出。从堆肥桶底部流出的水是最佳的"液体肥料"，经水稀释后可用于种菜、浇灌花木。堆肥桶装满后，经过三至六个月，厨余会变成黑褐色的粉末，也就是有机肥料。

82. 什么是"BGB 微生物循环技术"

选取自然界生命活力和增殖能力强的天然复合微生物菌种，以餐厨垃圾、过期食品、罚没肉品、果蔬残渣等有机废弃物为培养基进行高温好氧发酵，产出高活菌、高蛋白、高能量的活性微生物菌群；以这些活性微生物菌群经过特殊加工而成的 BGB 微生物再生产品，应用在有机、绿色生态农业和畜禽、水产养殖业，实现资源循环再利用。

83. 怎样推广"BGB微生物循环技术"

首先，政府要在政策上给予扶持，要在BGB微生物循环技术的研发、生产、推广、使用方面全程给予支持，在税金减免、科技基金使用、产品销售补贴等方面给予优惠；在产品立项、企业用地、市场培育等方面给予支持。其次，要鼓励群众使用BGB微生物循环技术，使之能够运用这种先进的科技手段，保护家庭清洁卫生，维护城市生态文明。

84. 什么是环保服装

环保服装是指原料采用天然纤维，印染使用无害于人体的化学剂、色素，严格控制甲醛残留、卤化染色载体等有害物质，杜绝使用22种致癌中间体和相应的100余种燃料助剂、涂料以及十多种有害重金属而生产的服装。

85. 怎样推广环保服装

（1）加大环保服装的宣传力度，向群众宣传环保服装的优势及其意义，使群众从认识上接受并使用环保服装。

（2）在各地、各大服装节中推广环保面料，促使环保面料逐步替代传统面料进入企业进行设计制作，同时也使消费者更了解环保面料。

（3）在社区、各类媒体上开展各种形式的教授环保服装制作的活动，使环保服装进入千家万户。

（4）对生产、销售环保服装的企业给予政策、财政补贴，鼓励企业生产、销售环保服装。

86. 什么是"室内空气污染"

室内空气污染是有害的化学性因子、物理性因子和（或）生物性因子进入室内空气中并已达到对人体身心健康产生直接或间接，近期或远期，或者潜在有害影响的程度的状况。

87. 室内空气污染影响有多大

根据我国的建筑材料、装饰材料和家具的使用情况分析，对人体健康造成重大危害的污染物，大致有以下几种：甲醛、总挥发性有机化合物（TVOC）、苯、氡、氨等。（1）甲醛对人体的危害是长期的，当人体吸入的甲醛浓度较高时，会产生支气管哮喘，引起慢性中毒，出现黏膜充血，过敏性皮炎，全身乏力、心悸、头痛等。（2）TVOC会引起集体免疫性失调，影响中枢神经系统，产生头痛、头晕、胸闷，甚至影响消化系统，损害肝脏和造血系统等。（3）苯是强烈致癌物质，当人体吸入高浓度苯，会产生恶心、头痛、胸闷、头晕，甚至出现呼吸、循环系统衰竭，精神萎靡、记忆力锐减等神经性衰弱等。（4）当氡随着气管黏膜进入人体肺部时，将造成人体白血病、呼吸道疾病甚至引发肺癌，国际卫生组织研究发现，氡是引发肺癌的主要致癌物质。（5）氨极易溶于水，刺激性强，当人体长时间接触氨，会引起喉头水肿、痉挛，甚至出现呼吸困难、昏迷、休克。

88. 怎样解决室内空气污染问题

（1）用无污染或低污染的材料取代高污染材料，是避免和减少室内空气污染的有效方法。我国已经颁布实施了10项室内装饰装修材料国家标准，用以规范和保证装修及装饰材料的环保要求。建议消费者在选购室内装饰材料时，要依据国家标准选购获得国家环境标志的装饰材料。将那些含有大量污染物的装饰装修材料拒之门外。

（2）保证室内通风是降低室内污染物浓度最经济、最简捷有效的手段。房屋装修后，开窗通风能使室内污染物浓度显著降低。通风是最好、最简单地降低室内污染的方法，所以住户应经常保持室内通风，即使在较寒冷的冬天，也最好能开一些窗户，使室外的新鲜空气进入室内，同时让有害物质挥发，挥发后排到室外。

（3）在室内种植花卉植物可以消除或减轻室内空气污染给人们身体带来的危害。一叶兰、龟背竹可以清除空气中的有害物质，虎吊兰和吊兰可以吸收室内80%以上的甲醛等有害气体。芦荟是吸收甲醛的好手，可以吸收1立方米空气中所含的90%的甲醛。米兰、蜡梅等能有效地清除空气中的二氧化硫、一氧化碳等有害物。另外，兰花、桂花、蜡梅等植物的纤毛能截留并吸滞空气中的飘浮微粒及烟尘。玫瑰、桂花、紫罗兰、茉莉、石竹等花卉不但会给居室内带来芳香，使人放松、精神愉快，它们气味中的挥发性物质还具有显著的杀菌作用。

（4）房屋装修后不应急于入住，应根据装修程度、家具的材料及新家具的总量选择适当的入住时间，一般以装修完成后6个月再入住为宜，其间必须注意通风，保持室内空气流畅。

89. 净化空气的花卉有哪些

（1）吊兰。吊兰能在微弱的光线下进行光合作用，吸收空气中的有毒有害气体。一盆吊兰在 8 至 10 平方米的房间就相当于一个空气净化器。在房间内养 1 至 2 盆吊兰，能在 24 小时释放出氧气，同时吸收空气中的甲醛、苯乙烯、一氧化碳、二氧化碳等致癌物质。吊兰对某些有害物质的吸收力特别强，比如对空气中混合的一氧化碳和甲醛的吸收分别能达到 95% 和 85%。吊兰还能分解苯、吸收香烟烟雾中的尼古丁等比较稳定的有害物质。

（2）橡皮树。橡皮树是一个消除有害植物的多面手。对空气中的一氧化碳、二氧化碳、氟化氢等有害气体有一定抗性。橡皮树还能消除可吸入颗粒物污染，对室内灰尘能起到有效的滞尘作用。

（3）仙人掌。仙人掌具有很强的消炎灭菌作用，在对付污染方面，仙人掌是减少电磁辐射的最佳植物。此外，仙人掌夜间吸收二氧化碳，释放氧气。晚上居室内放有仙人掌，就可以补充氧气，利于睡眠。

（4）君子兰。一株成年的君子兰一昼夜能吸收 1 立方米空气，释放 80% 的氧气，在极其微弱的光线下也能发生光合作用。在十几平方米的室内有两三盆君子兰就可以把室内的烟雾吸收掉。特别是北方寒冷的冬天，由于门窗紧闭，室内空气不流通，君子兰会起到很好的调节空气的作用。

（5）文竹。文竹含有的植物芳香，有抗菌成分，可以清除空气中的细菌和病毒，具有保健功能，所以文竹释放出的气味有杀菌益菌之力。此外，文竹还有很高的药用价值。挖取它的肉质根，洗去上面的尘土污垢，晒干备用或新鲜即用；叶状枝随用随采，均有止咳润肺凉血解毒之功效。

（6）芦荟。盆栽芦荟有空气净化专家的美誉。一盆芦荟就等于9台生物空气清洁器，可吸收甲醛、二氧化碳、二氧化硫、一氧化碳等有害物质。尤其对甲醛吸收力特别强。在4小时光照条件下，一盆芦荟可消除一平方米空气中90%的甲醛，还能杀灭空气中的有害微生物，并能吸附灰尘，对净化居室环境有很大作用。当室内有害空气过高时，芦荟的叶片就会出现斑点。这就是求援信号。只要在室内再增加几盆芦荟，室内空气质量又会趋于正常。

（7）发财树。蒸腾作用强，能有效调节室内湿度。即使在光线较弱，或二氧化碳浓度较高的环境下，仍能进行高效的光合作用，尤其适合空气浑浊的室内；对氨气的净化效果也十分不错。

据了解，美国宇航局曾根据植物去除化学物质、抵抗昆虫的能力以及养护的难易程度进行综合打分，确定净化空气效果最佳的10种明星植物。按照得分排名顺序是散尾葵、棕竹、夏威夷椰子、印度橡胶树、龙血树、常春藤、日本葵、亚里垂榕、波士顿蕨、白掌。经调查，上述10种植物除日本葵比较少见外，其他的都很普遍，各大花木市场都很常见，而且也不贵。最便宜的波士顿蕨只要10元，最贵的龙血树也就400元左右。

90. 什么是 PM 值

PM，英文全称为 particulate matter，即颗粒物，大气中的固体或液体颗粒状物质。颗粒物可分为一次颗粒物和二次颗粒物。一次颗粒物是由天然污染源和人为污染源释放到大气中直接造成污染的颗粒物，例如土壤粒子、海盐粒子、燃烧烟尘，等等。二次颗粒物是由大气中某些污染气体组分（如二氧化硫、氮氧化物、碳氢化合物等）之

间，或这些组分与大气中的正常组分（如氧气）之间通过光化学氧化反应、催化氧化反应或其他化学反应转化生成的颗粒物，例如二氧化硫转化生成硫酸盐。

91. PM2.5 的含义是什么

PM2.5 是指大气中直径小于或等于 2.5 微米的颗粒物，也称为可入肺颗粒物。虽然 PM2.5 只是地球大气成分中含量很少的组分，但它对空气质量和能见度等有重要的影响。PM2.5 粒径小，富含大量的有毒、有害物质且在大气中的停留时间长、输送距离远，因而对人体健康和大气环境质量的影响更大。

92. 空气中危害人体健康的成分有哪些

（1）甲醛。甲醛主要来源于人造木板，主要在生产中使用；装修材料及新的组合家具是造成甲醛污染的主要来源；装修材料及家具中的胶合板、大芯板、中纤板、刨花板（碎料板）的黏合剂遇热、潮解时，甲醛就释放出来，是室内最主要的甲醛释放源；尿素甲醛现浇泡沫塑料（UF）作房屋防热、御寒的绝缘材料，在光和热的作用下泡沫老化；用甲醛做防腐剂的涂料、化纤地毯、化妆品等产品；室内吸烟。

（2）苯系物。如苯、甲苯和二甲苯。它存在于油漆、胶以及各种内墙涂料中。由于苯属芳香烃类，人一时不易警觉其毒性。但如果在散发着苯气味的密封房间里，人可能在短时间内就会出现头晕、胸闷、恶心、呕吐等症状，若不及时脱离现场，可能会导致死亡。另外，苯也可致癌，引发血液病等，已经被世界卫生组织确定为致癌物质。

（3）氨气。室内氨气主要来源于混凝土防冻剂。北方冬季施工中，为了提高混凝土的强度，在混凝土中加入含有尿素的防冻剂，房屋建成后，混凝土中的大量氨气释放出来。氨对人体的危害主要体现在对呼吸道、眼黏膜及皮肤的损害，出现流泪、头疼、头晕等症状。

（4）氡。氡存在于建筑水泥、矿渣砖和装饰石材以及土壤中。氡对人体的主要危害是导致肺癌，它是除吸烟外的第二大致肺癌病因。

93. 为什么说吸烟有害人体健康

吸烟的害处很多，它不但吞噬吸烟者的健康和生命，还会污染空气，危害别人。

（1）肺部疾病。香烟燃烧时释放 4000 多种化学物质，其中有害成分主要有焦油、一氧化碳、尼古丁和刺激性烟雾。焦油对口腔、喉部、气管、肺部均有损害。正常人肺中排列在气道上的绒毛通常会把外来物从肺组织上排除，这些绒毛会将微粒扫入痰和黏液中排出。烟草的烟雾中焦油沉积在绒毛上，破坏了绒毛的功能，使痰增加，使支气管发生慢性病变，气管炎、肺气肿、肺心病、肺癌便会产生。据统计，吸烟的人 60 岁以后患肺部疾病的比例为 47%，而不吸烟的人 60 岁以后患肺部疾病的比例仅为 4%，这是一个触目惊心的数字。

（2）心血管疾病。香烟中的一氧化碳使血液中的氧气含量减少，造成相关的高血压等疾病，吸烟使冠状动脉血管收缩，使供血量减少或阻塞，造成心肌梗死。吸烟可使肾上腺素分泌增加，引起心跳加快，心脏负荷加重，影响血液循环而导致高血压、心脏病、中风等。

（3）吸烟致癌。吸烟可引发癌症，据统计，吸烟与口腔癌、鼻咽癌、肺癌、胃癌、肠癌、膀胱癌、乳腺癌等有关。为什么致癌大家可

能知道甚少，了解吸烟致癌的机理对于帮助人们尽早戒烟大有好处。烟毒溶于水和食物中直接破坏 DNA，引起基因突变。烟草中含有较多的放射性元素，这些放射性元素随着烟雾流入体内，损伤组织细胞。假如每天吸 30 支烟，X 射线产生的毒素相当于拍 100 次 X 光片所积累的剂量，这种射线会引起基因突变致癌。吸烟还损伤人的免疫功能。为什么吸烟的人容易感冒，是因为人体的淋巴细胞像卫兵一样保卫人体不受侵害，而吸烟会导致淋巴细胞活性降低，导致癌症。鉴于吸烟致癌的三大因素，戒烟越早越好。

（4）吸烟还会导致骨质疏松，更年期提早来临。吸烟可使男性丧失性功能和生育能力。孕妇吸烟可导致胎儿早产及体重不足、流产概率增高。吸烟使牙齿变黄，容易口臭。吸烟害人害己，被动吸烟的人的危害是吸烟人的两倍。为了你和家人的健康，不让自己成为烟的奴隶，应尽早戒烟。

（5）吸烟对智力的危害。吸烟使人的注意力受到影响。实验证明，吸烟严重影响人的智力、记忆力，从而降低工作和学习效率。心理学家还以200名大学生的学习成绩作为实验指标，结果发现吸烟的学生成绩比不吸烟的学生平均差 7 分。为什么会出现这种情况呢？因为香烟中尼古丁进入体内刺激自主神经系统，引起血管痉挛，影响大脑皮层的神经活动，使人的智力减退。

（6）吸烟有百害而无一利，中国 53% 的儿童被动吸烟，被动吸烟的危害是吸烟人的两倍，并且对儿童危害更大，容易患肺炎、支气管炎、重症哮喘和其他疾病。如果吸烟的情况持续下去，儿童的智力发育、吸烟者的家庭以及个人都会付出极大的代价。

94. 什么是"城市热岛效应"

城市热岛效应是指城市中的气温明显高于外围郊区的现象。在近地面温度图上，郊区气温变化很小，而城区则是一个高温区，就像突出海面的岛屿，由于这种岛屿代表高温的城市区域，所以就被形象地称为城市热岛。城市热岛效应使城市年平均气温比郊区高出 1 摄氏度，甚至更多。

95. 怎样解决城市热岛效应问题

（1）选择合理的城市建筑布局。要在城市中形成一个有利于风的循环环境，因为降低"热岛效应"最有效的就是风。当风刮起来的时候，通过大气环流，热岛与周围地区的空气进行交换，以降低城市的温度。因此，城市建筑物的平面和立面的有效布置，体量和高度的有机结合，使风流能够在一定的范围内形成一个环流。另外，应合理考虑城市中的生活区、办公区、商业区和工业区的布局，以减少资源和能源的浪费，并减少工业废气、废物的产生。

（2）大力发展城市绿化，是减轻热岛影响的关键措施。绿地能吸收太阳辐射，而所吸收的辐射能量又有大部分用于植物蒸腾耗热和在光合作用中转化为化学能，用于增加环境温度的热量大大减少。绿地中的园林植物，通过蒸腾作用，不断地从环境中吸收热量，降低了环境空气的温度。每公顷绿地平均每天可从周围环境中吸收 81.8 兆焦耳的热量，相当于 189 台空调的制冷作用。园林植物光合作用，吸收空气中的二氧化碳，1 公顷绿地，每天平均可以吸收 1.8 吨的二氧化碳，削弱温室效应。

（3）降低机动车污染物排放量，可以有效地降低大气污染物的排放，从而削弱城市热岛效应。应当在公交车和出租小汽车上推广液化石油气，全面安装尾气净化器，减轻尾气污染。依法加强对新生产机动车出厂排气达标管理。强化在用机动车监督管理。对于排气不达标的车辆，强制治理。推广使用无铅汽油，发展清洁能源的机动车，扩大清洁能源汽车在城市公共交通的使用。

（4）减少和减轻热污染的有效办法是节约能源和直接利用太阳能。最有广泛使用前景的是太阳能利用技术，它主要是通过特定的构造和材料来利用太阳能，应用范围相当广泛，而且不产生任何热污染。大力发展天然气、水电、可再生能源、新能源等清洁能源，发展清洁燃料公共汽车和电动公共汽车，号召有效利用工厂排出的热能，提高空调系统、能源消费机器的效率，积极利用国外油气资源，努力降低煤炭在一次能源消费中的比重；在适宜地区大力发展沼气、节能灶、太阳能、风能等，改善能源结构；工厂要有效地回收排出的热能，提高空调系统、能源消费机器的效率。

96. 什么是"环保汽车"

环保汽车主要是指由电力、天然气和生物燃料（乙醇）等清洁能源作为动力或混合动力的新型汽车。其主要特点是污染小甚至无污染。从严格意义上说，环保汽车至少应包含：发动机的碳排放应减少或趋于零，内装修材料污染度应减少或趋于零，表面处理材料污染度应减少或趋于零。

97. 怎样发展环保汽车

生产领域，全力推广，敦促厂家积极投入环保汽车的研发和生产，并在项目审批、财税、金融、土地、用工、水电、产业链配套等方面予以支持。

消费领域，公共交通载具环保化、低碳化，并采取适当措施鼓励市民出行乘坐公共交通、骑车或步行，市民购置私家车，亦提供优惠政策，鼓励其采购环保车。

98. 怎样处理垃圾问题

（1）针对垃圾源头管理问题，应逐步建立基于处理设施的垃圾分类标准，根据垃圾分类标准和各类垃圾容重，调整现有垃圾收运体系，做到分类收集、分类运输、分类处理。

（2）制定垃圾处理中远期规划，解决选址问题，推进垃圾处理设施建设。对于一个快速发展的城市来说，中远期规划应该是对未来城市功能布局的一个解决方案。对于规划中的垃圾处理设施，不能轻易改变周边的设施建设。

（3）提高垃圾处理费收费标准，保证垃圾处理企业正常运营。从理论上讲，垃圾处理企业的主营收入应该是垃圾处理费，而目前，各地的垃圾处理费在 20 至 30 元/吨之间，普遍偏低。政府应参照污水处理费标准的制定，在科学测算的前提下，制定垃圾处理费的指导标准，各地在此基础上结合实际进行调整。

（4）提高垃圾发电补贴标准。对不同的焚烧技术一视同仁，只要尾气排放达标，电价补贴应一样。按各地垃圾热值确定发电量，并在

一定范围内确定一个数作为补贴依据。

（5）权威部门应为垃圾焚烧发电项目"验明正身"。项目是否可行，应以标准为依据，而不能因有人反对即视为不可行。尤其是垃圾处理设施，无论建在哪儿，采取何种处理方式，都有市民和专家反对，但绝对不能因有反对意见就放弃建设或改弦更张。

（6）探索建立生态补偿机制。项目建设只要符合标准，就应该大力推进。至于受损群众的利益，国家可以通过制定相关政策进行补偿，毕竟他们确实为其他群众作出了奉献。但千万不能因为少部分人一再反对就让项目搁浅，这对树立政府公信力和保障全体人民的利益都是非常不利的。

99. 什么是垃圾处理 3R 原则

垃圾处理 3R 原则，即减量化原则（Reduce）、再使用原则（Reuse）、再循环原则（Recycle）。

（1）减量化原则。减量化原则，要求用较少的原料和能源投入来达到既定的生产目的或消费目的，进而到从经济活动的源头就注意节约资源和减少污染。减量化有几种不同的表现。在生产中，减量化原则常常表现为要求产品小型化和轻型化。此外，减量化原则要求产品的包装应该追求简单朴实，而不是豪华浪费，从而达到减少废物排放的目的。

（2）再使用原则。再使用原则，要求制造产品和包装容器能够以初始的形式被反复使用。再使用原则要求抵制当今世界一次性用品的泛滥，生产者应该将制品及其包装当作一种日常生活器具来设计，使其像餐具和背包一样可以被再三使用。再使用原则还要求制造商应该尽量延长产品的使用期，而不是过快地更新换代。

（3）再循环原则。再循环原则，要求生产出来的物品在完成其使用功能后能重新变成可以利用的资源，而不是不可恢复的垃圾。按照循环经济的思想，再循环有两种情况，一种是原级再循环，即废品被循环用来产生同种类型的新产品，例如报纸再生报纸、易拉罐再生易拉罐等等；另一种是次级再循环，即将废物资源转化成其他产品的原料。原级再循环在减少原材料消耗上达到的效率要比次级再循环高得多，是循环经济追求的理想境界。

100. 如何理解新修订的《中华人民共和国固体废物污染环境防治法》

十三届全国人大常委会第十七次会议审议通过了修订后的《中华人民共和国固体废物污染环境防治法》，自 2020 年 9 月 1 日起施行。

此次全面修订《中华人民共和国固体废物污染环境防治法》是贯彻落实习近平生态文明思想和党中央关于生态文明建设决策部署的重大任务，是依法推动打好污染防治攻坚战的迫切需要，是健全最严格最严密生态环境保护法律制度和强化公共卫生法治保障的重要举措。

新修订的《中华人民共和国固体废物污染环境防治法》明确固体废物污染环境防治坚持减量化、资源化和无害化原则，强化政府及其有关部门监督管理责任，明确目标责任制、信用记录、联防联控、全过程监控和信息化追溯等制度，推进国家逐步实现固体废物零进口。

101. 结合新冠肺炎疫情防控，
法律在固废处理上做了哪些针对性规定

第一，切实加强医疗废物特别是应对重大传染病疫情过程中医疗废物的管理。一是明确医疗废物按照国家危险废物名录管理。县级以上地方人民政府应当加强医疗废物集中处置能力建设。二是明确监管职责。县级以上人民政府卫生健康、生态环境等主管部门应当在各自职责范围内加强对医疗废物收集、贮存、运输、处置的监督管理，防止危害公众健康、污染环境。三是突出主体责任。医疗卫生机构应当依法分类收集本单位产生的医疗废物，交由医疗废物集中处置单位处置。医疗废物集中处置单位应当及时收集、运输和处置医疗废物。医疗卫生机构和医疗废物集中处置单位应当采取有效措施，防止医疗废物流失、泄漏、渗漏、扩散。四是完善应急保障机制。重大传染病疫情等突发事件发生时，县级以上人民政府应当统筹协调医疗废物等危险废物收集、贮存、运输、处置等工作，保障所需的车辆、场地、处置设施和防护物资。有关主管部门应当协同配合，依法履行应急处置职责。五是要求各级人民政府按照事权划分的原则安排必要的资金用于重大传染病疫情等突发事件产生的医疗废物等危险废物应急处置。

第二，明确有关实验室固体废物管理的基本要求。规定各级各类实验室及其设立单位应当加强对实验室产生的固体废物的管理，依法收集、贮存、运输、利用、处置实验室固体废物。实验室固体废物属于危险废物的，应当按照危险废物管理。

第三，加强农贸市场等环境卫生治理。规定农贸市场、农产品批发市场等应当加强环境卫生管理，保持环境卫生清洁，对所产生的垃圾及时清扫、分类收集、妥善处理。

102. 法律对过度包装、塑料污染治理做了哪些针对性规定

一是明确有关部门要加强产品生产和流通过程管理，避免过度包装。

二是明确包装物的设计、制造应当遵守国家有关清洁生产的规

定，要求组织制定有关标准，防止过度包装造成环境污染。

三是强调生产经营者应当遵守限制商品过度包装的强制性标准，避免过度包装。市场监督管理部门和有关部门应当加强对过度包装的监督管理。

四是要求生产、销售、进口依法被列入强制回收目录的包装物的企业，应当按照规定对包装物进行回收。

五是规定电子商务、快递、外卖等行业应当优先采用可重复使用、易回收利用的包装物，优化物品包装，减少包装物的使用，并积极回收利用包装物。商务、邮政等主管部门应当加强监督管理。

六是明确国家鼓励和引导消费者使用绿色包装和减量包装。

关于塑料污染治理，一是明确国家依法禁止、限制生产、销售和使用不可降解塑料袋等一次性塑料制品。

二是要求商品零售场所开办单位、电子商务平台企业和快递企业、外卖企业按照规定向商务、邮政等主管部门报告塑料袋等一次性塑料制品的使用、回收情况。

三是规定国家鼓励和引导减少使用塑料袋等一次性塑料制品，推广应用可循环、易回收、可降解的替代产品。

103. 如何用好绿色发展的辩证法

用好绿色发展的辩证法，首先要从发展实际出发，解决好"认识论"的问题。人类发展活动必须学会尊重自然、顺应自然、保护自然，否则就会遭到大自然的报复。这同样也是无法抗拒的发展规律。所以，只有把经济建设与生态文明建设有机统一起来，着力推进人与自然和谐共生的绿色发展，才是合乎唯物辩证法的持续健康发展。换言之，只有做到"绿水青山就是金山银山"，才能真正获得永续动力，

步入形态更高级、分工更复杂、结构更合理的发展阶段。

用好绿色发展的辩证法，还要积极运用辩证的"方法论"，解决好发展转型升级的实际问题。当前，我国经济发展正处在结构优化和转型发展的关键时期。优化结构，就要以壮士断腕的决心和勇气，坚定不移地淘汰落后产能，主动适应新的市场需求，扭转供需结构错配的被动局面；转型发展，就要以创新为根本驱动力，以开放倒逼结构调整，以协调发展和绿色发展为导向，着力打造经济增长模式的升级版，而不是继续以盲目依靠要素扩张、过度消耗资源和恶化生态环境的传统方式维持增长。从新常态下我国经济发展的阶段性特征看，面对环境承载能力已经达到或接近上限，以及要素规模驱动力减弱等现实挑战，各地区各部门必须把经济增长更多地转移到依靠人力资本质量和技术进步上来。要通过创新供给激活需求，大力发展新兴产业、服务业，催生新技术、新产品、新业态、新商业模式大量涌现，更加注重发挥质量型、差异化为主的小微企业作用，推动形成绿色低碳循环发展新方式。

104. 如何理解山水林草路房生态一体化

党的十九大报告提出："像对待生命一样对待生态环境，统筹山水林田湖草系统治理。"

党的十八大以来，习近平总书记多次提出并强调："山水林田湖草是生命共同体。生态是统一的自然系统，是相互依存、紧密联系的有机链条。人的命脉在田，田的命脉在水，水的命脉在山，山的命脉在土，土的命脉在林和草，这个生命共同体是人类生存发展的物质基础。""对山水林田湖进行统一保护、统一修复是十分必要的。"强调要用系统思维统筹山水林田湖草治理。"系统治理"工作方针的提出，意义重大、要求明确，为新时代城市生态工作提供了遵循。最近中央又提出要山上林田湖草沙冰一体治理。

受此启发，我们从城市的角度提出了山水林草路房生态一体化的思路。主要是从城市生态系统治理的角度考虑。

城市生态系统治理的重要组成部分就是加强社会治理，要完善党委领导、政府负责、社会协同、公众参与、法治保障的社会治理体制。

城市生态系统治理要统筹兼顾、整体施策、多措并举。坚持系统治理方式多样化，就是要综合运用工程、行政、技术、经济、法律、宣传等手段，统筹解决水问题。

城市生态系统治理要突出科技创新。要积极运用最新的科技成果为山水林草路房生态一体化服务。

105."屋顶菜园"与"屋顶花园"有何区别

"屋顶菜园"与"屋顶花园"都具有屋顶绿化的功能：（1）改善城市环境面貌，提高市民生活和工作环境质量；（2）改善城市热岛效应；（3）减低城市排水负荷；（4）保护建筑物顶部，延长屋顶建材使用寿命；（5）提高建筑保温效果，降低能耗；（6）削弱城市噪音，缓解大气浮尘，净化空气；（7）提高国土资源利用率。

据有关方面调查，做过屋顶绿化的和没有绿化过的10年之后来对比，发现没有经过绿化的，屋顶建筑材料已经酸化，已经变软；经过绿化，经过土壤或植物覆盖的，还是保持刚建成的、中性的那种状态；绿化保护了屋顶，延长了防水材料的寿命。同时它又隔热防寒，冬暖夏凉，节省电力，减少了能源消耗，一举多得。

屋顶菜园的基本要求：（1）严格处理好防水隔离措施；（2）每

平方米承受力最低得 500 千克以上；（3）土层厚度不低于 30 厘米，否则就保持不了水分而且不耐旱；（4）菜园旁边要砌上挡土的女儿墙和溢水孔，防止雨后土流失；（5）尽可能选择比较喜阳而且耐旱不招风、不太高的品种。

由上可知，"屋顶菜园"与"屋顶花园"的区别至少有这么几项：（1）菜园的需水量更大，因此其防水隔离措施要求更高；（2）菜园土层高要求明确，其屋顶承载力不得低于 500 千克每平方，而花园多为盆栽，此方面要求不高；（3）菜园需砌上挡土的女儿墙和溢水孔，且技术要求高，否则，不是保不了水，造成土层干旱，就是土随水走，造成土层流失，甚至造成楼房下水道堵塞；（4）屋顶菜园必用有机肥，这对菜的生长有好处，但在施肥过程中又会造成新的空气污染，对周围邻居和过往行人造成不便。（5）屋顶花园更侧重于观赏性，而屋顶菜园则侧重于实用性。

106. 我国生态消费法治化的要旨与展望是怎样的

生态消费是一种具有生态文明理念的消费方式，它是既符合社会生产力的发展水平，又符合人与自然的和谐、协调，既能满足人的消费需求，又保持良好生态环境的消费行为。从某种意义上说，生态消费应当是人类理性消费、适度消费和绿色消费的消费形态。生态消费立法应当体现以下原则：

适度消费原则。从人类主体层面看，适度消费就是作为消费主体的人，应当合理约制自身的消费，不要超出自然资源的可再生能力范围消费资源，做到人的消费与生态环境容量相适应；从个体主体层面看，个体消费者应当量入为出，不要过度超前消费，以免导致因个体消费过度的累积而破坏生态环境。

无害化消费原则。由于人类在社会生活过程中，各种的消费形式都会产生一定的废弃物或是改变生态环境的原有性状。因此，我们应当尽可能地使生产、生活废弃物做到无害化排放或最小危害排放，尽量减少人类消费中产生的废弃物对生态环境的污染。

利责对等消费原则。在人与自然关系中，人类从自然获取的各类资源，必须努力进行生态恢复或生态补偿，避免出现生态失衡，做到责任和义务、受益与补偿对等。

生态消费就是广义的绿色消费，可持续消费是绿色消费与生态消费的目标。正是在大力推进生态消费法治化的进程中，一种符合节约资源和保护环境国策要求，体现绿色消费方式，符合绿色发展理念的新经济模式——共享经济在我国蓬勃发展起来。相信随着生态消费法治化的不断完善，全社会将逐步形成绿色消费共识，人们的生活方式将日益生态化，我们将早日迈进生态文明的新时代。

107. 设立统一规范的国家生态文明试验区意义何在

试验区是承担国家生态文明体制改革创新试验的综合性平台，主要是鼓励发挥地方首创精神，就一些难度较大、确需先行探索的生态文明重大制度开展先行先试。

一是有利于落实生态文明体制改革要求，目前缺乏具体案例和经验借鉴，难度较大、需要试点试验的制度，如自然资源资产产权制度、自然资源资产管理体制、主体功能区制度、"多规合一"等。

二是有利于解决关系群众切身利益的大气、水、土壤污染等突出资源环境问题的制度，如生态环境监管机制、资源有偿使用和生态保护补偿机制等。

三是有利于推动供给侧结构性改革，为企业、群众提供更多更好

的生态产品及绿色产品的制度，如生态保护与修复投入和科技支撑保障机制，绿色金融体系等。

四是有利于实现生态文明领域国家治理体系和治理能力现代化的制度，如资源总量管理和节约制度，能源和水资源消耗、建设用地等总量和强度双控、生态文明目标评价考核等。

五是有利于体现地方首创精神的制度，即试验区根据实际情况自主提出、对其他区域具有借鉴意义、试验完善后可推广到全国的相关制度。

108. 遗产保护与生态建设有何关系

遗产保护与生态建设是一个相互联系、相互作用的系统。遗产保护既要保护文化遗产本身，还要采取有效措施优化遗产保存、生存的环境，维护文化生态平衡，促进生态持续发展。从这个意义上讲，生态保护就是通过采取有效措施保护文化遗产和优化相关环境，力图构建人与文化遗产、人与自然、人与社会和谐相处并协调发展的文化空间。生态建设的一个重要目的，就是努力实现遗产资源的真实完整与永续利用。

109. 怎样开展遗产保护工作

首先，处理好眼前利益与长远利益的关系。其次，要利用好资源，遵循"保护是前提，发展促保护"的工作思路，处理好资源保护和开发的关系，实现资源保护和经济社会发展的双赢。再次，要创新管理机制，尽快建立世界遗产资源行政执法管理与技术监督管理有机结合、规划管理与计划管理相互衔接的管理工作机制。

（1）延续历史，传承文化，切实保护遗产的真实性和完整性。世界文化遗产的意义和价值，主要体现为独特的创造性和对特定历史时期文化的典型表现性。因此，保持真实性和整体性是两个基本要素。应在遗产地风貌区保护、文物修缮等方面注意坚持这两条原则，防止过度开发、"修旧如新"等倾向。北京旧城整体保护仍面临严峻形势。故宫缓冲区虽然已经划定，《北京皇城保护规划》和《北京城市总体规划》也已公布实施，但能否落实是关键。政府必须下决心遏制旧城内目前依然十分强劲的房地产开发势头，切实加强对故宫缓冲区的保护，切实落实《北京城市总体规划》提出的对旧城实行"整体保护"的原则，真正保护好故宫这份人类共同的文化遗产。

（2）明确管理主体，加快遗产保护立法。目前北京的遗产地存在管理部门分散、各行其是的现象。应学习借鉴国际上的先进经验，抓紧研究遗产地管理体制的改革，尽快建立符合我国国情的专门的世界遗产保护机构和科研机构。新修订的《中华人民共和国文物保护法》是目前做好世界文化遗产保护的重要法律依据，必须坚决贯彻落实好。北京市已公布《北京市长城保护管理办法》，使长城保护在法制建设上大大前进一步。其他遗产地的专项立法亦应加快步伐，使遗产保护真正做到有法可依。

（3）合理开发，适度利用。强调历史文化遗产的保护性、社会公益性和传世性，已成为越来越多的国家的共识。在这方面，我们应尽快"与世界接轨"，坚决扭转将世界遗产的性质界定成"旅游资源"的错误倾向，更不能将遗产保护地变成经济开发区。应限定每天的参观人数，更新"单纯追求门票收入"等陈旧管理理念。市政府有关部门和区、县应在科学发展观为指导，放宽眼界，大胆决策，逐步通过体制和机制改革，改变公益性管理单位差额补贴的经济运行方式，保护经费由政府全额拨款，从根本上解决长期保护与眼前利用间的

矛盾。

（4）保护技术有待提高。我国遗产地的高层管理人才以及专业技术人员缺乏，保护技术相对落后，亟待提高。应加强国际间的交流合作，重视引进先进保护技术和手段，鼓励遗产地专业技术人员进行科技创新，探索适应我国情况的新技术、新方法。

（5）加强研究，扩大宣传教育。世界遗产保护是群众性事业，应扩大宣传，积极发动和吸引更多的人共同参与。应重视和发挥志愿者及民间社会组织在遗产保护工作中不可替代的作用；充分发挥首都优势，整合中央和地方科研力量，开展对各遗产地乃至整个世界遗产保护事业的研究，组织编纂出版一批有较高理论价值的专著；加强对青少年的教育，提高他们保护、珍爱祖国文化遗产的自觉意识。北京师大附中组织学生调查北京世界遗产现状，与专家座谈，撰写论文，这一经验值得总结推广。

（6）做好后备项目的申遗准备工作。在防止"重申轻保"偏向的同时，要做好新项目申遗的准备工作，"以申促保，以保备申"，使申遗的准备工作做得更加扎实、有序。

110. 宗教文化与生态文化是什么关系

生态文化即世人对生态问题的共同认知，是观念形态的生态价值体系，是贯彻落实科学发展观的文化体现。也有专家认为，生态文化是人与自然协同发展的文化。在人类对地球环境的生态适应过程中，人类创造了文化来适应自己的生存环境，以促进文化的进步来适应变化的环境。随着人口、资源、环境问题的尖锐化，为了使环境的变化朝着有利于人类文明进化的方向发展，人类必须调整自己的文化来修复由于旧文化的不适应而造成的环境退化，创造新的文化与环境协同发展、和谐共进，这就是生态文化。

宗教文化和生态文化都是文化的重要组成部分，都可以影响文化的发展和形式，对文化本质做出改变。两者有可能相互影响相互作用相互依赖相互渗透。中国的道教文化，就曾经对古代生态文化的产生和发展起过重大作用。老子"天人合一"强调人与自然的协调，"知常曰明"强调环境保护意识，"知和曰常"强调生态平衡观念，"知足寡欲"强调适度消费观念。当代宗教文化的发展亦与生态文化密不可分，比如台湾慈济功德会就提倡"自然环保与心灵环保"，而且要求其遍布全球 1 亿多会众身体力行，投身所在区域的生态环保建设中去。

111. 怎样在推动生态文明建设中与宗教人士协调共处

每个民族、每个国家都有自己独特的生存智慧。人与自然的关系，不仅仅是某个国家的事情，而涉及全人类共同的生存和发展。树立怎样的发展观，是 21 世纪给所有决策者提出的关于发展战略的考题。1996 年，我国政府把可持续发展作为国家战略正式提出来，引起了国际社会的巨大反响。在我国人均国内生产总值达到 2000 美元之后，我们清醒地认识到，这一阶段是人口、资源、环境等瓶颈约束最为严重的时期，这是世界性规律，也是经济容易失调、社会容易失序、心理容易失衡、社会伦理需要重建的关键时期。国家制定了有关法律和各重点领域可持续发展的目标与行动纲领，可持续发展理论一直按照国际公认的经济学、社会学、生态学方向建立与完善着。

作为人类文明的一种高级形态，作为中国特色社会主义事业总体布局的组成部分，生态文明建设主要涵盖先进的生态伦理观念。发达的生态经济、完善的生态制度、基本的生态安全、良好的生态环境等

等。它以把握自然规律、尊重和维护自然为前提，以人与自然、人与人、人与社会和谐共生为宗旨，以资源环境承载力为基础，以建立可持续的产业结构、生产方式、消费模式，以及增强可持续发展能力为着眼点，强调人的自觉与自律，人与自然的相互依存、相互促进、共处共融。

基于上述认识，只要是有利于生态文明建设发展的，只要是对推动我国生态文明建设有贡献的，我们都要予以尊重、予以支持。宗教人士投身生态文明建设，对我国生态文明建设产生了正向效应、对我们坚持可持续发展产生了正向效应、对我们继续建设生态城市产生了正向效应，我们没有理由不予以尊重、不予以支持。而且，我们还要尽己所能，积极主动地投身其中，在人力、物力、财力上予以尽可能地帮助，使之在生态文明建设中的正向效应发挥到最大。

112. 领导干部在推动生态文明建设中应发挥什么作用

生态文明既是理想的境界，也是现实的目标。各级领导干部要充分并深刻认识生态文明建设的重要性和必要性，自觉地在生态文明建设中发挥自己应有的领导作用、监督作用、协调作用。

（1）从职责角度来看，各级领导干部发挥着把党的主张转化为所在区域所在部门执行力的作用。党中央提出生态文明的概念，并对其主要任务作了部署，体现了党对生态文明建设的高度重视，同时也说明建设生态文明是党的工作的重要组成部分。各级领导班子、各级领导干部必须理所当然地履行自身的职权，使党中央关于加强生态文明建设的战略决策，转变为国家意志和人民的意愿，并成为全国人民的自觉行动。

（2）从决策角度来看，各级领导干部发挥着重大事项的决定作用。生态文明建设既关系人民群众的切身利益，也关系到中华民族的生存发展。由于各级领导干部享有重大事项决定权，自然负有对生态文明建设的重大事项进行审议，作出科学的、正确的决议和决定，并组织全体人民为之团结奋斗的职责，一定要紧紧围绕生态文明建设开展工作。

（3）从监督的角度来看，各级领导干部发挥着指导各级人大强化本区域生态法制建设的作用。生态文明建设必须以法治为基本保障。良好的生态文明只有在良好的法制环境中才能形成和发展。维护法律尊严，保证法律实施，推进社会主义法治建设进程，这就要求人大要进一步发挥好宪法和法律赋予的监督职能，在不断提高全社会法律意识和法制观念的同时，进一步强化执法监督的力度，为生态环保建设创造良好的法制环境。

（4）从协调角度来看，各级领导干部发挥着上传下达左右协调的整合作用。生态文明建设是一项涉及经济、社会、文化各个领域的重要战略任务，是一项影响各级各部门战略决策的重要任务。因此，各级领导干部在面临生态文明建设工作时，有一个相互配合相互协调的问题，这就要求各级领导干部在涉及本地区本部门生态文明建设任务时积极主动贯彻落实上级决策并积极主动提出切合实际的本地区本部门决策措施；与此同时，各级领导干部在其他地区其他部门在贯彻落实生态文明建设战略任务中需要你协助配合时，要当作自身的事情积极热情地予以协助配合。

（5）从教导角度来看，各级领导干部发挥着教育辅导广大群众投身生态文明建设的作用。生态文明建设是需要广大人民群众积极参与的事业。只有深入开展群众性的生态文明创建活动，不断集中群众的智慧，总结群众的经验，才能真正推进生态文明建设进程。因此，通过教育辅导、宣传灌输，使得广大人民群众充分认识到生态文明建设

的重要性和必要性，充分认识到生态文明建设与其切身利益攸关的紧密性，从而把党的意志、国家的意在转化为广大人民群众的意志，使之自觉地投身到生态文明建设之中。

113. 怎样评价并监督领导干部在推动生态文明建设中的作用

一要看其言行与中央提出的建设生态文明的战略决策是否保持一致，是否提出切合实际的贯彻执行中央关于生态文明建设战略决策的措施决定；二要看其贯彻落实生态文明建设战略决策的执行力度是否到位，是否虎头蛇尾，是否一以贯之，是否创新发展；三要看其抓生态文明建设与经济建设、社会建设、文化建设等其他战略任务时是否厚彼薄此，是否协调发展；四要看其任用干部评价业绩时，是否只看国内生产总值，是否经济建设成绩与生态建设成绩统筹兼顾、统筹考察。

从监督的角度讲，应把握监督重点，增强监督工作的目的性。看其是否有针对性地了解本区域本部门生态环境问题的现状，分析产生的原因，是否在充分调查研究的基础上，做到有的放矢地开展工作。具体讲要看其是否做到两个方面的转换：一是因时而变。就是要以生态建设带有全局性的问题为切入点，根据不同时期生态建设工作的重点变化，适时提出决策的着力点，对决策的方向和内容作出调整，从而对生态环境的阶段性建设起到促进作用。二是因事而变。这是相对于决策的具体实施过程而言的。即要在具体的决策实施过程中，围绕生态建设的阶段性工作任务，在决策实施的形式和内容选择上要因事而异、因地制宜。注意把握好阶段性任务中诸多分解任务中的内在联系，抓关键，督重点，在阶段任务要求的框架下，围绕决策的目标任务选择恰当的实施内容和形式，通过对具体事项的决策实施来达成阶段性任务的实现，以体现出"多点成面"的监督组合效应。

114. 如何坚持和完善生态文明制度体系

生态文明建设是关系中华民族永续发展的千年大计和根本大计。必须从依法治国和制度体系建设的内在属性、"五位一体"总体布局和"四个全面"战略布局的重要内容等多维视角，不断深化认识坚持和完善生态文明制度体系的重大意义。

法治和制度是国家发展的重要保障，是党领导人民治国理政的基本方式，也是生态文明建设的可靠保障。建设生态文明，其领导核心是中国共产党。党和人民关于建设生态文明的主张经法定程序上升为国家意志和法律制度，从而实现生态文明建设根本的制度保障。正如习近平所指出，保护生态环境必须依靠制度、依靠法治。

生态文明建设是"五位一体"总体布局和"四个全面"战略布局的重要内容，必须以制度体系进行战略保障。"五位一体"总体布局是中国特色社会主义事业整体性的战略部署，既与中国特色社会主义社会是全面发展、全面进步的社会属性相关，也与社会主义与生态文明具有高度的一致性相关。进入新时代，人民群众由过去求"温饱"到现在盼"环保"，美好生活需要日益广泛，对经济社会快速发展过程中人口、资源、环境压力持续加大的矛盾反响强烈。把生态文明建设纳入中国特色社会主义建设"五位一体"总体布局，就是对解决这一矛盾的战略考量。"四个全面"战略布局是我们党在新的历史条件下治国理政的总方略，是事关党和国家长远发展的总战略，也为生态文明建设提供战略指引和基本遵循。我们党更好领导人民进行建设生态文明的伟大工程、推进"五位一体"中国特色社会主义伟大事业、以"四个全面"战略布局实现伟大梦想、建设人与自然和谐的现

代化美丽强国，必须加快推进国家治理体系和治理能力现代化，努力形成更加成熟更加定型的中国特色社会主义制度。

生态文明建设是事关"两个一百年"奋斗目标的重大战略任务，必须以制度体系进行战略保障。全面建成小康社会，是全党和全国各族人民共同追求的第一个百年梦。现在已取得决定性胜利。第二个百年奋斗目标，正如习近平总书记在党的十九大明确提出，为把我国建设成为富强民主文明和谐美丽的社会主义现代化强国而奋斗。在这里，"美丽"是社会主义现代化建设的绿色属性，是底色。必须统筹认知生态文明建设是事关"两个一百年"奋斗目标重大战略任务、坚持和完善生态文明制度体系的内在关系。一方面，生态文明、美丽中国、人与自然和谐是中华民族伟大复兴中国梦的历史必然、时代应然；另一方面，我们党有必要通过坚持和完善中国特色社会主义制度、推进国家治理体系和治理能力现代化，从制度上明确生态文明建设的前进方向和工作要求，坚持方向不变、道路不偏、力度不减，推动新时代生态文明建设行稳致远。

党的十八大以来，以习近平同志为核心的党中央蹄疾步稳推进全面深化改革，改革全面发力、多点突破、纵深推进，生态文明建设系统性、整体性、协同性增强，重要领域和关键环节改革取得突破性进展，构建了产权清晰、多元参与、激励约束并重、系统完整的生态文明制度体系，推动我国生态文明建设发生历史性、根本性和转折性变化。

一是健全自然资源资产产权制，二是建立国土空间开发保护制度，三是建立空间规划体系，四是完善资源总量管理和全面节约制度，五是健全资源有偿使用和生态补偿制度，六是建立健全环境治理体系，七是健全环境治理和生态保护市场体系，八是完善生态文明绩效评价考核和责任追究制度。

建设生态文明，促进人与自然和谐，要整体把握十九届四中全会精神，推动生态文明制度体系建设更加成熟、更加定型，推进国家治理体系和治理能力现代化。一是突出系统集成、协同高效，形成统筹绿色发展与环境保护关系的体制机制。二是坚持新发展理念，形成充分发挥科技创新引领作用的体制机制。三是重在形成全民参与的体制机制。

115. 福建是怎样做好绿色发展的"优等生"的

习近平同志在福建工作期间，极具前瞻性地提出了建设生态省的战略构想，亲自为福建擘画生态省建设蓝图。20多年来，全省广大干部群众牢记习近平总书记的嘱托，大力践行"绿水青山就是金山银山"理念，加快构建生态文明体系，大胆探索生态优先绿色发展新路，推动生态省建设迈上新台阶。全省生态环境质量继续保持全优、领先全国。其中，全省主要河流水质比全国平均水平高21.6个百分点；全省9个设区市PM2.5年均浓度24微克每立方米，比全国平均浓度低1/3；森林覆盖率达66.8%，连续42年居全国首位。全国唯一所有设区市都是全国森林城市、所有县（市）都是省级森林城市"双满堂红"的省份。12条主要河流Ⅰ－Ⅲ类优良水质比例达97.9%，比全国平均水平高14.5个百分点；所有设区城市空气质量达标天数比例98.8%，比全国平均水平高11.8个百分点，PM2.5年均浓度每立方米20微克，优于欧盟标准。人民群众生态环境获得感大大提升。"十三五"期间，公众生态环境满意率达到91.9%。作为生态优等生，福建再次交上了一份全优答卷。

福建是习近平生态文明思想的重要孕育地，也是践行这一重要思想的先行省份。2020年，自然资源部办公厅印发《生态产品价值实

现典型案例》，福建省厦门市、南平市两个案例分别位列第一、第二，入选全国十个实践"绿水青山就是金山银山"的典型案例。

向改革要动力，向生态要红利，福建驰而不息。2016年，中央批准福建建设全国首个国家生态文明试验区，福建以此作为新时期落实习近平总书记当年亲手擘画生态省战略蓝图的重大举措，把制度创新作为国家生态文明试验区建设的主线，不断推出可复制、可推广的生态文明体制改革试验成果。

率先实施"党政同责、一岗双责"制度；建立经常性领导干部自然资源资产离任审计制度；深入开展自然资源资产产权制度改革；推进武夷山国家公园体制试点。省人大常委会先后颁布施行《福建省生态文明建设促进条例》等20多部地方性法规，率先将"坚持绿水青山就是金山银山"写入地方性法规；建成全国首个省级"生态云"平台，运用大数据实现可靠溯源、精准治污、智慧监管；率先实现省市县三级生态司法机构全覆盖，建立行政执法与刑事司法无缝衔接工作机制。一系列生态文明建设成果，正从福建走向全国，为构建生态文明制度体系贡献福建智慧。

至2020年，试验区38项重点改革任务均已制定了专项改革方案并组织实施，22项改革经验向全国推广。

生态建设永远没有句号。福建将始终牢记习近平总书记的嘱托，继续按照党中央的要求，按照广大人民群众的期待，进一步把福建生态文明建设得更好，把福建建成践行习近平生态文明思想的示范区。

116. 如何理解科技创新在生态城市建设中的作用

中国共产党十九届五中全会提出，坚持创新在我国现代化建设全局中的核心地位，把科技自立自强作为国家发展的战略支撑，摆在各项规划任务的首位。这在我们党编制五年规划历史上是第一次，也是党中央把握世界发展大势、立足当前、着眼长远作出的战略布局。

站在建设社会主义现代化强国新的历史起点上，高能级生态城市建设，将以生态科技创新为核心竞争力。面对新的发展理念，面对新的发展格局，我们更要切实增强推动科技创新的使命担当，切实推动高质量的生态科技创新，为全方位推动高质量的生态城市建设提供强有力的科技支撑。

科技创新在生态城市建设中的基础性作用和颠覆性作用，怎么估计都不为过。这种作用包括科技创新对城市生态环境的影响、对城市自然资源保护的影响、对城市污染治理的影响、对城市空气净化的影响、对城市水域生态治理的影响、对城市绿色建筑的影响、对城市生态经济发展的影响、对城市绿色交通发展的影响、对城市居民食品安全的影响、对城市废物回收及循环利用的影响，等等。

科技创新是科学和技术创新的总称。我们可以把在生态城市建设中发挥正能量作用的科技创新定义为生态科技创新。其是生态城市建设中最强有力的动力支持和科技支撑。不管是科学理论形式的科技创新还是技术产品形态的科技创新，都应该为生态城市建设带来基础性的能量或者是正向的颠覆性能量。

要从思想上不断强化对生态科技创新基础性作用的认识。城市决策者和管理者对生态科技创新的基础性作用认识要不断提高。主动思考、主动作为、主动部署。

要善于捕捉生态科技原创性成果，抢占先机，为我所用。原创性科技成果是指从产品的基础研究或创意，到产品的研发、制造和生产，全部自主完成的一类科技成果。这种从零到一的原创科研成果对于科技创新具有特殊意义。近几年，随着我国综合实力的不断提升、科技研发投入的持续增长、科技顶尖人才的刻苦攻关，涌现出了一批

具有代表性的原创性科技成果。这些科技成果的实际应用，已经实现了真正意义上的引领世界。

要迅速完善生态科技创新政策体系，为之保驾护航。十九届五中全会提出：完善科技创新体制机制。深入推进科技体制改革，完善国家科技治理体系，优化国家科技规划体系和运行机制，推动重点领域项目、基地、人才、资金一体化配置。改进科技项目组织管理方式，实行"揭榜挂帅"等制度。完善科技评价机制，优化科技奖励项目。加快科研院所改革，扩大科研自主权。加强知识产权保护，大幅提高科技成果转移转化成效。加大研发投入，健全政府投入为主、社会多渠道投入机制，加大对基础前沿研究支持。完善金融支持创新体系，促进新技术产业化规模化应用。弘扬科学精神和工匠精神，加强科普工作，营造崇尚创新的社会氛围。健全科技伦理体系。促进科技开放合作，研究设立面向全球的科学研究基金。生态科技创新政策体系必须依此迅速完善。在科技创新领域，生态科技创新无疑是其重要组成部分，而且更具有前沿性、应用性、推广性。城市决策者和管理者更要充分认识其重要意义，竭全力、倾全情、尽全心，为之努力。要让生态科技创新政策体系在生态科技创新过程中发挥引领作用护航作用。若真如此，城市领导善哉。所以，城市决策者要推动生态城市的创新，驱动发展战略的深入实施，加快补齐科技创新短板，增强科技自立自强能力，建成创新型的生态城市，为全方位推动城市高质量发展超越提供强有力的科技支撑。要坚持科技创新是生态城市全方位高质量发展超越的第一驱动力，持续深化科技体制改革，建立健全支撑高质量发展的现代产业技术体系，进一步推进以企业为主体的产学研深度融合，高标准建设科技创新平台，培育壮大科技创新人才队伍，积极拓展创新协作交流网络，加快建设高水平创新型生态城市。为高质量的科技创新支撑引领高质量的发展做出更多贡献。要站在新的历史起点上，切实增强推动生态科技创新的使命担当，深入实施以大数据智能化为引领的城市创新驱动发展战略。

要积极引进生态科技创新的领军型人才，抢占生态科技研发的智力高地。所谓生态科技创新的领军型人才，是指在生态科技创新领域做出卓越贡献，并处于领先地位，且能起到引领和带动作用的科技帅才。这两点是构成生态科技领军人才的充分必要条件。比如，领导量子科技研究的潘建伟院士和发明透明计算的张尧学院士。有必要说明的是，生态科技领军人才是在实践中间自然形成的，不是行政部门上级单位任命的；生态科技领军人才受一定的时间所限，随时间的推移而动态变化；生态科技领军人才也有空间所限。一个国家、一个城市、一个单位都有相应层级的生态科技领军人才。一个明智的生态城市决策者，应该善于建立梯形的领军型人才结构，发现一批、引进一批、使用一批、储备一批。为高能级的生态城市的可持续发展，为具有核心竞争力的生态科技创新的可持续发展，建立永续的智力高地。中国科技领域英才辈出，比如，中国5G最年轻的开拓者申怡飞，正在研制"光子芯片"的沈亦晨，将第一枚民营火箭发射升空的零壹空间创始人舒畅，钙钛矿太阳能电池发明者、登上世界级科刊《自然》的最年轻中国女学者、90后博导刘明侦，石墨烯研究成果两篇论文同时刊登在同一期《自然》上、解决世界百年难题的天才少年曹原，2020年科学探索奖获得者、闽籍青年徐集贤等。据了解，这六位年轻人平均年龄不到30岁，可谓"后生可畏"。笔者相信，只要政策得当，引导得力，舆论得情，会有更多的生态科技创新领军型人才涌现。

从生态城市发展的角度分析，生态科技创新领军型人才应该多方位涌现。生态城市的发展是多维的，多要素组成的。空气净化、空间集约、植树造林、绿色交通、生态经济、绿色建筑、食品安全、垃圾

处理、水域生态、生态文化和绿色生活方式，都应该是生态城市建设的题中应有之义。相应的生态科技创新就必须紧紧围绕这诸多要素展开，也因此，生态科技创新的领军型人才应该相应地涌现于上述各相关领域。只有这样，我们才能欣慰地看到生态科技的全方位创新，才能欣慰地看到生态科技创新领军型人才的全方位涌现。

117. 十九届五中全会如何部署生态文明建设工作

十九届五中全会提出：生态文明建设实现新进步，国土空间开发保护格局得到优化，生产生活方式绿色转型成效显著，能源资源配置更加合理、利用效率大幅提高，主要污染物排放总量持续减少，生态环境持续改善，生态安全屏障更加牢固，城乡人居环境明显改善。

全会提出，推动绿色发展，促进人与自然和谐共生。坚持绿水青山就是金山银山理念，坚持尊重自然、顺应自然、保护自然，坚持节约优先、保护优先、自然恢复为主，守住自然生态安全边界。深入实施可持续发展战略，完善生态文明领域统筹协调机制，构建生态文明体系，促进经济社会发展全面绿色转型，建设人与自然和谐共生的现代化。要加快推动绿色低碳发展，持续改善环境质量，提升生态系统质量和稳定性，全面提高资源利用效率。

118. 什么是"碳达峰""碳中和"，为什么需要碳排放碳达峰

碳达峰是指碳排放达到的最高值。我国承诺 2030 年前，二氧化碳的排放不再增长，达到峰值之后逐步降低。

碳中和是指企业、团体或个人测算在一定时间内直接或间接产生的温室气体排放总量，通过植物造树造林、节能减排等形式，抵消自

身产生的二氧化碳排放量，实现二氧化碳"零排放"。

气候变化是人类面临的全球性问题，随着各国二氧化碳排放，温室气体猛增，对生命系统形成威胁。在这一背景下，世界各国以全球协约的方式减排温室气体，我国由此提出碳达峰和碳中和目标。此外要保证能源安全。我国作为世界工厂，发展低碳经济，重塑能源体系具有重要安全意义。

119. 如何把"碳达峰""碳中和"纳入生态文明建设整体布局

习近平强调，实现碳达峰、碳中和是一场广泛而深刻的经济社会系统性变革，要把碳达峰、碳中和纳入生态文明建设整体布局，拿出抓铁有痕的劲头，如期实现 2030 年前碳达峰、2060 年前碳中和的目标。

我国力争 2030 年前实现碳达峰，2060 年前实现碳中和，是党中央经过深思熟虑做出的重大战略决策，事关中华民族永续发展和构建人类命运共同体。要坚定不移贯彻新发展理念，坚持系统观念，处理好发展和减排、整体和局部、短期和中长期的关系，以经济社会发展全面绿色转型为引领，以能源绿色低碳发展为关键，加快形成节约资源和保护环境的产业结构、生产方式、生活方式、空间格局，坚定不移走生态优先、绿色低碳的高质量发展道路。要坚持全国统筹，强化顶层设计，发挥制度优势，压实各方责任，根据各地实际分类施策。要把节约能源资源放在首位，实行全面节约战略，倡导简约适度、绿色低碳生活方式。要坚持政府和市场两手发力，强化科技和制度创新，深化能源和相关领域改革，形成有效的激励约束机制。要加强国际交流合作，有效统筹国内国际能源资源。要加强风险识别和管控，处理好减污降碳和能源安全、产业链供应链安全、粮食安全、群众正

常生活的关系。

实现碳达峰、碳中和是一场硬仗，也是对我们党治国理政能力的一场大考。要加强党中央集中统一领导，完善监督考核机制。各级党委和政府要扛起责任，做到有目标、有措施、有检查。领导干部要加强碳排放相关知识的学习，增强抓好绿色低碳发展的本领。

120. 如何理解《国务院关于加快建立健全绿色低碳循环发展经济体系的指导意见》

该指导意见提出的指导思想是：以习近平新时代中国特色社会主义思想为指导，深入贯彻党的十九大和十九届二中、三中、四中、五中全会精神，全面贯彻习近平生态文明思想，认真落实党中央、国务院决策部署，坚定不移贯彻新发展理念，全方位全过程推行绿色规划、绿色设计、绿色投资、绿色建设、绿色生产、绿色流通、绿色生活、绿色消费，使发展建立在高效利用资源、严格保护生态环境、有效控制温室气体排放的基础上，统筹推进高质量发展和高水平保护，建立健全绿色低碳循环发展的经济体系，确保实现碳达峰、碳中和目标，推动我国绿色发展迈上新台阶。

该指导意见强调工作原则要做到四个坚持：坚持重点突破，坚持创新引领，坚持稳中求进，坚持市场导向。

该指导意见提出的目标是：到 2025 年，产业结构、能源结构、运输结构明显优化，绿色产业比重显著提升，基础设施绿色化水平不断提高，清洁生产水平持续提高，生产生活方式绿色转型成效显著，能源资源配置更加合理、利用效率大幅提高，主要污染物排放总量持续减少，碳排放强度明显降低，生态环境持续改善，市场导向的绿色技术创新体系更加完善，法律法规政策体系更加有效，绿色低碳循环发展的生产体系、流通体系、消费体系初步形成。到 2035 年，绿色发展内生动力显著增强，绿色产业规模迈上新台阶，重点行业、重点产品能源资源利用效率达到国际先进水平，广泛形成绿色生产生活方式，碳排放达峰后稳中有降，生态环境根本好转，美丽中国建设目标基本实现。

为此，该指导意见提出，健全绿色低碳循环发展的生产体系，健全绿色低碳循环发展的流通体系，健全绿色低碳循环发展的消费体系，加快基础设施绿色升级，构建市场导向的绿色技术创新体系，完善法律法规政策体系，认真抓好组织实施。

121. "十四五"规划和 2035 年远景目标纲要
如何部署生态文明建设工作

"十四五"规划专门部署生态文明建设，强调：推动绿色发展，促进人与自然和谐共生。

坚持绿水青山就是金山银山理念，坚持尊重自然、顺应自然、保护自然，坚持节约优先、保护优先、自然恢复为主，守住自然生态安全边界。深入实施可持续发展战略，完善生态文明领域统筹协调机制，构建生态文明体系，促进经济社会发展全面绿色转型，建设人与自然和谐共生的现代化。

加快推动绿色低碳发展。强化国土空间规划和用途管控，落实生态保护、基本农田、城镇开发等空间管控边界，减少人类活动对自然空间的占用。强化绿色发展的法律和政策保障，发展绿色金融，支持绿色技术创新，推进清洁生产，发展环保产业，推进重点行业和重要领域绿色化改造。推动能源清洁低碳安全高效利用。发展绿色建筑。开展绿色生活创建活动。降低碳排放强度，支持有条件的地方率先达

到碳排放峰值，制定 2030 年前碳排放达峰行动方案。

持续改善环境质量。增强全社会生态环保意识，深入打好污染防治攻坚战。继续开展污染防治行动，建立地上地下、陆海统筹的生态环境治理制度。强化多污染物协同控制和区域协同治理，加强细颗粒物和臭氧协同控制，基本消除重污染天气。治理城乡生活环境，推进城镇污水管网全覆盖，基本消除城市黑臭水体。推进化肥农药减量化和土壤污染治理，加强白色污染治理。加强危险废物医疗废物收集处理。完成重点地区危险化学品生产企业搬迁改造。重视新污染物治理。全面实行排污许可制，推进排污权、用能权、用水权、碳排放权市场化交易。完善环境保护、节能减排约束性指标管理。完善中央生态环境保护督察制度。积极参与和引领应对气候变化等生态环保国际合作。

提升生态系统质量和稳定性。坚持山水林田湖草系统治理，构建以国家公园为主体的自然保护地体系。实施生物多样性保护重大工程。加强外来物种管控。强化河湖长制，加强大江大河和重要湖泊湿地生态保护治理，实施好长江十年禁渔。科学推进荒漠化、石漠化、水土流失综合治理，开展大规模国土绿化行动，推行林长制。推行草原森林河流湖泊休养生息，加强黑土地保护，健全耕地休耕轮作制度。加强全球气候变暖对我国承受力脆弱地区影响的观测，完善自然保护地、生态保护红线监管制度，开展生态系统保护成效监测评估。

全面提高资源利用效率。健全自然资源资产产权制度和法律法规，加强自然资源调查评价监测和确权登记，建立生态产品价值实现机制，完善市场化、多元化生态补偿，推进资源总量管理、科学配置、全面节约、循环利用。实施国家节水行动，建立水资源刚性约束制度。提高海洋资源、矿产资源开发保护水平。完善资源价格形成机制。推行垃圾分类和减量化、资源化。加快构建废旧物资循环利用体系。